Opus 67

Bruno Paul
Haus Friedwart, Wetzlar

Text
Alfred Ziffer

Photographien / Photographs
Deimel + Wittmar
Gerd Scharfscheer

Edition Axel Menges

Herausgeber/Editor: Axel Menges

ISBN 978-3-932565-67-0

Druck- und Bindearbeiten/Printing and binding: Everbest Printing Company, Ltd., China

Übersetzung ins Englische/Translation into English: Michael Robinson
Design: Axel Menges

Inhalt

Contents

Alfred Ziffer
Das Haus Friedwart in Wetzlar

»Wie doppelt angenehm ist es uns also, wenn aus einer menschlichen Wohnung uns der Geist einer höhern, obgleich auch nur sinnlichen Kultur entgegen spricht.«
Johann Wolfgang von Goethe, *Lehrjahre VI – Bekenntnisse einer schönen Seele.*

Frühsommer 1914: Ernst Leitz II befand sich gerade in New York, um Geschäftskontakte der Optischen Werke Ernst Leitz zu pflegen und den Prototyp jener Kleinbildkamera zu erproben, die später als »Leica« Weltruhm erlangen sollte, als sein Geschäftsführer, Henri Dumur (1885–1977), vor einer wichtigen Entscheidung stand. Denn noch vor seiner Abreise nach Übersee hatte der frisch verheiratete Fabrikant im März 1914 bei dem Wetzlarer Architekten Jean Emil Schmidt, der bereits 1907 moderne Fabrikgebäude für das Unternehmen errichtet hatte, auf dem fast 9500 m^2 großen, leicht abfallenden Gartengrundstück Laufdorfer Weg 6 eine Villa für seine Familie in Auftrag gegeben. Nun waren Dumur zwar die wirtschaftlichen Belange der seit 1869 in Familienbesitz befindlichen Optischen Werke bestens vertraut, doch Baupläne zu beurteilen, war ihm fremd.

Dagegen galt Ella Bocks, eine Schwester von Ernst Leitz, als künstlerisch besonders begabt. Sie lebte seit ihrer Heirat in München und hatte sich 1904/05 ihre luxuriöse Wohnungseinrichtung mit Salon, Speise-, Herren-, Schlafzimmer und Boudoir mit Ankleidezimmer von den Vereinigten Werkstätten für Kunst im Handwerk nach Zeichnungen des schon damals erfolgreichen Malers, Graphikers und Architekten Bruno Paul anfertigen lassen.[1] Um ihren Rat gefragt, schien Ella Bocks nur dieser Künstler der richtige, das Haus ihres Bruders im Detail zu gestalten, dessen Baupläne am 16. Mai bei der Baubehörde eingereicht und am 18. Juni positiv beschieden wurden. Wann ein erster Kontakt zwischen dem Bauherrn und Bruno Paul zustande kam, ist heute nicht mehr nachzuweisen.

Der Bauherr und seine Familie

Ernst Leitz II (1871–1956), der zweitälteste Sohn des Firmengründers Ernst Leitz I (1843–1920), der 1869 die zwanzig Jahre zuvor von Carl Kellner gegründete »Optische Werkstatt« übernommen hatte, lebte in Wetzlar lange im elterlichen Haus am Kalsmunttor, bevor er für sich und seine Frau Elsie, geborene Gürtler (1877–1910), 1903 am Laufdorfer Weg 3 ein zweigeschossiges, repräsentatives Wohnhaus oberhalb der Fabrikanlagen am Hang des Kalsmunt errichten ließ. Dessen Erker, Fensterformen und schmiedeeiserne Arbeiten waren dem floralen Jugendstil verpflichtet und verliehen der Villa »Rosenburg« ihren Namen. Bereits nach wenigen glücklichen Jahren zum Witwer mit drei kleinen Kindern geworden, sollte der Bau des Hauses »Friedwart« als ein Zeichen des Neubeginns mit seiner zweiten Ehefrau Hedwig Wachsmuth (1877–1937) werden.

Seit 1889 als Lehrling im väterlichen Betrieb tätig, war der Kaufmann und Feinmechaniker zunächst für technische und betriebswirtschaftliche Belange zuständig, während sein älterer Bruder Ludwig das Auslandsgeschäft aufbaute und vorantrieb. Nach dessen frühem Tod 1898 übernahm Ernst Leitz II auch diesen Bereich und wurde 1906 Teilhaber, nach dem Tod des Vaters 1920 alleiniger Gesellschafter und Chef des Unternehmens.[2] Unter dem Aspekt der Vollbeschäftigung aller Mitarbeiter war er stets auf Diversifikation der Produktpalette bedacht und wandte sich neben den Mikroskopen – bereits 1907 war Leitz mit 100000 verkauften Mikroskopen mit Abstand der größte Hersteller weltweit – bald der Filmprojektion, den Ferngläsern und der Photographie zu. Durch die Einführung zahlreicher neuer wissenschaftlicher Instrumente hatte sich Ernst Leitz II schon bald den Ruf eines Firmenlenkers mit Visionen erworben. Als er 1924 bei einer Besprechung, in der es um die Serienfertigung einer kleinen, von dem genialen Konstrukteur Oskar Barnack entwickelten Kamera für Einzelaufnahmen auf Kinofilm ging, sagte: »Ich entscheide hiermit, es wird riskiert!«, hatte er den zukunftsträchtigsten Entschluß seines Lebens gefaßt. Wer auch immer am weltweiten Siegeszug der Leica (von Leitz Camera) und auch der anderen Erzeugnisse der Firma teilhatte, war in Wetzlar gern gesehener Gast und machte Haus Friedwart zu einem Ort der internationalen Begegnung.

Die Verbindungen zu Händlern in Übersee und den eigenen Auslandsfilialen setzte den überzeugten und politisch aktiven Demokraten Ernst Leitz II in der Zeit des Nationalsozialismus in den Stand, zahlreichen Juden die Flucht aus Deutschland zu ermöglichen und andere politisch Verfolgte aus den Fängen der Gestapo zu befreien. Im Februar 2007 erhielt der Retter der Hilflosen postum den »Courage to Care Award« von der 1913 gegründeten Antidefamation League in Palm Beach, Florida, deren Ziel die Bekämpfung des Antisemitismus ist.[3]

Über Jahrzehnte verdankte Haus Friedwart das rege Leben in seinen Mauern der ältesten Tochter des Bauherrn, **Elsie Kühn-Leitz (1903–1985)**, die als junger Mensch in der Freien Schulgemeinde Wickersdorf bei Saalfeld a. d. Saale die dort praktizierte freiheitliche und demokratische Erziehung genoß und diese Werte für sich ebenso entdeckte und lebenslang zu ihrer Sache machte wie die Liebe zur Musik und Literatur. Mit 19 Jahren legte sie an der Handelshochschule in München ihre Prüfung zum Diplomkaufmann ab. Es folgte ein Jurastudium in München und Berlin, das sie mit dem ersten Staatsexamen als Kammergerichtsreferendarin und in Frankfurt mit einer Dissertation über die Gleichberechtigung von Ehegatten »cum laude« abschloß. Mit dem Volkswirt Kurt Kühn hatte sie drei Kinder und lebte in Wuppertal und Münster, kehrte jedoch 1940 in das Haus ihrer Kindheit zurück, nachdem ihr Mann zum Militär eingerückt war. Ihr Sinn für Gerechtigkeit und ein aufrechter Charakter brachten ihr 1943 für ihren »Mut zur Menschlichkeit« drei Monate Gefängnis bei der Gestapo ein, weil sie versucht hatte, einer jüdischen Mitbürgerin zur Flucht zu verhelfen und die Lage der polnischen Zwangsarbeiterinnen zu verbessern.[4]

Über die deprimierenden Erfahrungen der Haft schrieb sie nach dem Krieg,[5] wandte sich aber auch wieder entschieden dem Leben zu. Sie war Mitgründerin der Wetzlarer Kulturgemeinschaft und machte Haus Friedwart zu einem Haus internationaler Begegnung und zu einem kulturellen Treffpunkt der Stadt. Sie wurde zu einer großen Kämpferin für Zivilcourage, Menschenrechte, Völkerverständigung und Frieden. Ihre Herkunft erleichterte ihr, unbefangen Freundschaften anzuknüpfen. Sie besuchte Albert Schweitzer mehrfach in Afrika und organisierte Hilfsaktionen für sein Krankenhaus in Lambarene. In der Politik stand sie Theodor Heuss und Konrad Adenauer

1. Ernst Leitz I (1843–1920). Gemälde von Georg Tronnier, 1918. (Photo: Gerd Scharfscheer.)
2. Ernst Leitz II (1871–1956), der Bauherr des Hauses Friedwart. Gemälde von Fritz Reusing, 1923. (Photo: Gerd Scharfscheer.)
3. Ur-Leica, Nullserie, 1924.
4. Jean Emil Schmidt, Ernst Leitz, Wetzlar, Hochhäuser I und II, 1935 und 1938.

1. Ernst Leitz I (1843–1920). Painting by Georg Tronnier, 1918. (Photo: Gerd Scharfscheer.)
2. Ernst Leitz II (1871–1956), the client of Haus Friedwart. Painting by Fritz Reusing, 1923. (Photo: Gerd Scharfscheer.)
3. First Leica, zero series, 1924.
4. Jean Emil Schmidt, Ernst Leitz, Wetzlar, high-rise buildings I and II, 1935 and 1938.

Alfred Ziffer

Haus Friedwart in Wetzlar

»Doubly pleasing it is therefore, when from a human dwelling, the spirit of a higher though merely sensual culture speaks to us.« Johann Wolfgang von Goethe, *Wilhelm Meister's Apprenticeship VI: Confessions of a Fair Saint.*

Early summer, 1914: Ernst Leitz II was in New York, where he had travelled to cultivate business contacts for Optische Werke Ernst Leitz and to test the prototype for the miniature camera which would later become known worldwide as the »Leica«, when his managing director Henri Dumur (1885–1977) found himself facing an important decision. Before his journey overseas, in March 1914, the newly-married factory owner had commissioned a villa for his family from the Wetzlar architect Jean Emil Schmidt, who had already constructed modern factory buildings for the firm in 1907. The villa was to be built on the almost 9500 m², gently sloping garden plot at 6 Laufdorfer Weg. Now, the economic requirements of the optics factory, which had been owned by the family since 1869, were well known to Dumur, but he was not familiar with the evaluation of building plans.

Ernst Leitz's sister Ella Bocks, on the other hand, was known to be particularly artistically gifted. She had been living in Munich since her marriage, and from 1904 to 1905 she had had a luxurious apartment with a salon, dining room, smoking room, bedroom and boudoir with walk-in wardrobe built by the Vereinigte Werkstätten für Kunst im Handwerk to drafts by Bruno Paul, who even then was a successful painter, graphic artist and architect.[1] When asked for her advice, he seemed to her the only artist suitable to plan the fine details of her brother's house. His building plans were submitted to the authorities on 16 May, and were officially approved on 18 June. It is not known today when the first meeting between Bruno Paul and the building's prospective owner took place.

The house's owner and his family

Ernst Leitz II (1871–1956) was the second-eldest son of the firm's founder, Ernst Leitz I (1843–1920), who had in 1869 taken over the Optische Werkstatt founded by Carl Kellner twenty years previously. He had lived for a long time in Wetzlar in his parents' house at the Kalsmunttor before building a typical large two-storey family house in 1903 at 3 Laufdorfer Weg above the factory buildings on the Kalsmunt slope for himself and his wife Elsie, née Gürtler (1877–1910). The window-frames, bow windows and ironwork of this house were all in the floral Art Nouveau style, and gave the house its name, »Rosenberg«. After a few happy years he found himself a widower with three children. He is said to have wished to symbolize a new beginning with his second wife Hedwig Wachsmuth (1877–1937) by building the house called »Haus Friedwart«.

Since beginning an apprenticeship in 1889 the businessman and precision engineer had been employed in his father's business. Later he was responsible for technical areas and the economic affairs of the factory, while his brother Ludwig continued and expanded the overseas arm of business. After Ludwig's early death in 1898, Ernst Leitz II took over this area as well. In 1906 he became a partner in the business, and in 1920, following his father's death, he became the sole associate and head of the firm.[2] With an eye to providing full employment for all his workers, he showed a continual interest in diversifying his range of products and, after securing a niche in microscopes – by 1907 Leitz had sold 100 000 microscopes making the firm easily the biggest producer worldwide – he turned his attention to film projectors, telescopes and photography. With the introduction of numerous new scientific instruments, Ernst Leitz soon earned himself a reputation as a manufacturer with vision. When in the year 1924, during a discussion of the contemplated mass-production of a miniature camera developed by the brilliant design engineer Oskar Barnack which could capture single images on cinematic film, he announced: »I have decided to take the risk!«, he made the most momentous decision of his life. Anyone who had been involved in the international triumph of the Leica (made by Leitz Camera) or any other project of the firm was a welcome guest in Wetzlar, making the house Friedwart an international hub.

These connections with agents overseas and to his own overseas branches allowed Ernst Leitz II, a convinced and politically active democrat, to assist many Jews in fleeing Germany and to free other political prisoners from the clutches of the Gestapo during the National Socialist period. In February 2007, this defender of the helpless was posthumously awarded the »Courage to Care Award« by the Anti-Defamation League, founded in 1913 and based in Palm Beach, Florida, whose purpose is to combat anti-Semitism.[3]

For decades, the liveliness and industry within the four walls of the house were maintained by the eldest daughter of its builder, **Elsie Kühn-Leitz (1903–1985)**, who as a young woman in the Freie Schulgemeinde community at Wickelsdorf near Saalfeld an der Saale had thrived on the liberal and democratic education methods practiced there and had discovered these values for herself and supported them all her life, along with the love of music and literature. At the age of 19 she completed her business diploma at the Handelshochschule in Munich. A course in law in Munich and Berlin followed, ending with her passing the initial examinations as a junior lawyer at the Supreme Court, and the completion, »cum laude«, of a dissertation, written in Frankfurt, on the equal rights of partners in marriage. She lived in Wuppertal and Munster and had three children together with the economist Kurt Kühn, but in 1940 she returned to her childhood home following her husband's enlistment in the army. Her sense of justice and her upright character resulted in her being handed a three-month prison sentence by the Gestapo because she had tried to help a Jewish woman to flee the country and to improve conditions for women from Poland used as forced labour.[4]

After the war she wrote about her oppressive experiences in prison,[5] but turned back to her former life with determination. She was a founding member of the Wetzlarer Kulturgemeinschaft and made Haus Friedwart once again an international hub and a focus for culture in Wetzlar. She became a significant defender of civil courage, human rights, international understanding and peace. Her background made it easier for her to form friendships. She met Albert Schweitzer in Africa several times and organized fundraising campaigns and relief for his hospital in Lambarene. In the sphere of politics, she was close to both Theodor Heuss and Konrad Adenauer, nahe, der ihr die deutsch-französische Freundschaft ans Herz legte, und brachte eine Partnerschaft zwischen den Städten Wetzlar und Avignon auf den Weg. 1955 gründete sie die Deutsch-Französische Gesellschaft Wetzlars, 1957 die Vereinigung Deutsch-Französischer Gesellschaften in Deutschland und Frankreich (VDFG). 1974 ließ sie Haus Friedwart und seine Einrichtung in die Denkmalliste Hessens aufnehmen und wußte dieses Erbe bei ihren Kindern Knut (geb. 1936) und Cornelia Kühn-Leitz in besten Händen. Beide widmen sich besonders der angemessenen kulturellen Nutzung und Pflege der historischen Räume.

Nicht nur Elternhaus, sondern Lebenswohnort war Haus Friedwart für **Ernst Leitz III (1906–1979)**. Bereits mit 24 Jahren wurde Ernst Leitz III 1930 neben seinem Vater und Henri Dumur einer von drei Geschäftsführern und war bis 1974 im Unternehmen tätig. Einer Ausbildung zum Feinmechaniker war ein Physikstudium in Berlin bei den Professoren Max Planck und Max von Laue gefolgt. Von der Universität wieder ins Unternehmen zurückgekehrt, galt sein besonderes Augenmerk der optischen Technologie und der Glasforschung, die zum Erfolg der Leitzschen Photo- und Mikroskopobjektive beitrugen. Äußerst bescheiden und in materiellen Dingen anspruchslos, wurde dem aktiven Politiker (in Wetzlar Stadtrat sowie Vorsitzender der CDU-Fraktion und in Frankfurt Vorsitzender des Wirtschaftsrates der CDU Hessen) anläßlich seines 40jährigen Berufsjubiläums vom Bürgermeister der Stadt Wetzlar, Wilhelm Schmidt, bestätigt, »daß das Haus Leitz immer ein Hort der Toleranz, der Demokratie und der menschlichen Würde gewesen ist.«[6]

Der zweitälteste Sohn **Ludwig Leitz II (1907–1992)** studierte Physik, verfolgte aber mit gleichem Ernst 1926 bei Karl Wollek in Wien und 1927 als Schüler von Johannes Itten in Berlin eine Ausbildung zum Bildhauer. 1939 übernahm er als Geschäftsführer in der Firma die Verantwortung für den Bereich Forschung und Entwicklung und war bestimmend für die Patent- und Designentwicklung der Produktlinien. An die zweihundert Erfindungen hat Ludwig Leitz, teilweise zusammen mit seinen Mitarbeitern, angemeldet und dafür zahlreiche Patente erhalten. Unter seiner Leitung entstand für das Unternehmen zwischen 1953 und 1956 ein neues Verwaltungsgebäude mit halbrundem, zweigeschossigem Foyer, geschwungenen Treppen und Emporen, das heute unter Denkmalschutz steht. Dank seiner funktionalen Schlüssigkeit mußte es bei der späteren Umwidmung zum Neuen Rathaus der Stadt Wetzlar kaum verändert werden.[7]

Zwar mußte für Ludwig Leitz die künstlerische Arbeit hinter den beruflichen Aufgaben zurücktreten, doch verfolgte er stets mit wachem Interesse die Entwicklung der Gegenwartskunst und war mit vielen Künstlern befreundet, darunter Otto Pankok, Ida Kerkovius, Emmi Röder und Hans Purrmann. Einer seiner Bronzegüsse steht u. a. vor dem Wetzlarer Rathaus, andere sind zusammen mit seinen Entwurfskizzen, Modellen und anderen bildhauerischen Arbeiten in seinem ehemaligen Atelier der Öffentlichkeit zugänglich.

Der jüngste Sohn, **Günther Leitz (1914–1969)**, widmete sich den wirtschaftlichen Interessen des weltweit agierenden Unternehmens, darunter besonders dem Werk in Midland, Kanada, das 1952 auf seine Initiative hin errichtet und bis 1959 von ihm geleitet wurde. Bis zu seinem unerwartet frühen Tod war er als Nachfolger von Henri Dumur für die kaufmännischen Belange zuständig.

Die Künstler

Als 1907 eine Erweiterung der Fabrikgebäude der Optischen Werke erforderlich wurde, gab Ernst Leitz II den Bauauftrag dem Wetzlarer Architekten **Jean Emil Schmidt (1877–1959)**. Als erstes »Hochhaus« der Stadt plante er im heutigen Gebäudekomplex Ernst-Leitz-Straße 17–37, Ecke Schützenstraße, einen »von historisierenden Formen geprägten Ziegelbau auf einem Bruchsteinsockel«[8] mit steilem Mansarddach, der jedoch in der Ausführung abgeändert und in Betonskelettbauweise und schlichter Fassadengliederung ausgeführt wurde. In Anbetracht der historistischen Umgebung war dieser relativ schmucklose Bau ein erstes Signal der Moderne in Wetzlar. Die klassizistischen Anklänge in Form eines Fußwalms im Charakter eines Mansarddachs des 1912 folgenden zehnachsigen Gebäudes mit kolossalen Pilastern als Gliederungsmotiv entsprechen dem damals aktuellen Zeitgeschmack.

1913 errichtete Schmidt eine heute nicht mehr erhaltene Gießereianlage und nach dem Ersten Weltkrieg Wohnhäuser für Mitarbeiter. In den Jahren 1935 und 1938 schloß der unausgesprochen zum »Werksarchitekten« avancierte mit zwei achtgeschossigen Hochhäusern in Stahlbetonbauweise die Baulücke zwischen den ersten beiden Gebäuden an der Ernst-Leitz-Straße.[9]

Neben der Außenarchitektur und der Grunddisposition von Haus Friedwart, dessen Bauleitung er auch innehatte, war Schmidt 1925 bis 1939 für umfangreiche Umbauten und Instandsetzungen der ehemaligen Franziskanerkirche sowie den Bau zahlreicher Wohnhäuser in Wetzlar – unter anderem für die Fabrikantenfamilien Kremp (1922) und Weil (1925) verantwortlich. Stets pflegte er eine moderate Moderne, die an Walmdächern und Gesimsprofilen festhielt.[10]

Bruno Paul (1874–1968) war als Architekt eleganter Villen, mondäner Interieurs für Ozeandampfer und markanter Geschäftsbauten auf dem Höhepunkt seiner künstlerischen und gesellschaftlichen Karriere, als er nach Wetzlar kam.

Seine Berufung an die Unterrichtsanstalt des Kunstgewerbemuseums in Berlin durch Wilhelm von Bode im Jahr 1907 hatte aus dem regimekritischen Illustrator in den Satireblättern *Jugend* und *Simplicissimus* einen preußischen Beamten gemacht, der seine führende Position zur Förderung des modernen Kunstgewerbes nutzte und ein Gründungsmitglied des Deutschen Werkbunds war. Sein Erfolg gründete auf einer soliden Ausbildung an der Kunstgewerbeschule und den Akademien in Dresden und München. Seine einfallsreichen und handwerklich anspruchsvollen Interieurs in Zusammenarbeit mit den Vereinigten Werkstätten für Kunst im Handwerk in München wurden durch Ehrungen auf Ausstellungen im In- und Ausland gewürdigt.

Neben seiner Reformtätigkeit in der Ausbildung junger Kunstgewerbler unternahm Bruno Paul 1914 im eigenen Schaffen bei der Gestaltung des »Gelben Hauses« auf der Werkbundausstellung in Köln einen entscheidenden Schritt hin zur abstrakten Stilisierung der Form, zum spielerischen Umgang mit Dimensionen und zu betonter Farbigkeit. Hätte man diese Schau nicht wegen des Ausbruchs des Ersten Weltkriegs nach schon einem Monat geschlossen, wäre hier der Anfang eines deutschen Art Déco zu setzen, dessen »kecke[r] Vorstoß ins Farbige« von der Kritik begrüßt wurde.[11]

Der Auftrag für die komplette Innenausstattung und Veränderungen in einigen Bereichen des Rohbaus von

5. Bruno Paul, um 1912.
6. Bruno Paul, »Gelbes Haus«, Werkbundausstellung in Köln, 1914. Eingangshalle.
7. Bruno Paul, Wein-Restaurant, Werkbundausstellung in Köln, 1914. Wanddekoration von Emil Orlik.

5. Bruno Paul, circa 1912.
6. Bruno Paul, »Gelbes Haus«, Werkbund exhibition in Cologne, 1914. Entrance hall.
7. Bruno Paul, wine restaurant, Werkbund exhibition in Cologne, 1914. Wall decoration by Emil Orlik.

who encouraged her interest in Franco-German friendship and prepared the way for a partnership between the cities of Wetzlar and Avignon. In 1955, she founded the Deutsch-Französische Gesellschaft Wetzlars and in 1955 she founded the Vereinigung Deutsch-Französischer Gesellschaften in Deutschland und Frankreich. In 1974 she had Haus Friedwart and its contents listed by the land of Hessen and knew that with her children, Knut (born 1936) and Cornelia Kühn-Leitz the estate would be in safe hands. Both dedicate themselves in particular to the appropriate care and utilization of this historic space for cultural purposes.

For **Ernst Leitz III (1906–1979)** Haus Friedwart was not only the place he grew up in, but also his residence later in life. In 1930, at the age of 24 years, Ernst Leitz was already one of the three company directors, alongside his father and Henri Dumur, and was with the firm until 1974. His training as a precision engineer was followed by studying physics in Berlin under the professors Max Planck and Max von Laue. Returning to the business after university, he turned his particular attention to optical technology and researching the properties of glass, a fact which contributed to the success of the objective lenses for microscopes and cameras produced by Leitz. Exceptionally modest and undemanding in worldly matters, this active politician (a member of the city council in Wetzlar, leader of the local branch of the CDU and Minister for Economy for the CDU in Hessen) was congratulated on the occasion of his 40th birthday by the mayor of Wetzlar, Wilhelm Schmidt, who said that »the Leitz household had always been a stronghold of tolerance, democracy and human dignity«.[6]

The second-eldest son, **Ludwig Leitz II (1907–1992),** studied physics, but also pursued an education as a sculptor with Karl Wollek in Vienna in 1926 and as a student of Johannes Itten in Berlin in 1927. In 1939, he took over as a company director responsibility for the area of research and development, and he was decisive for the development of patents and product lines. Together with his colleagues, Ludwig Leitz registered and received patents for about two hundred inventions. Under his direction, a new administration building for the company was built in the years between 1953 and 1956, with a semi-circular, two-storey foyer, a curved staircase and upper galleries, which is now a listed building. Thanks to its success in meeting functional requirements, it hardly needed any alterations when it took on the role of the new town hall for Wetzlar.[7]

Admittedly, Ludwig Leitz's artistic work had to take second place to his business career, but he followed developments in modern art with interest and was a friend of many artists, including Otto Pankok, Ida Kerkovius, Emmi Röder and Hans Purrmann. One of his cast bronze sculptures stands in front of Wetzlar's town hall, with other sculptures, and others can be viewed by the public in what was his studio, along with his drafts, models and other sculptural works.

The youngest son, **Günther Leitz (1914–1969)** devoted himself to the economic interests of the firm worldwide, and in particular to the factory in Midland, Canada, which was built in 1952 in an initiative planned by him and was directed by him until 1959. Until his unexpectedly early death, he was responsible for the commercial department, following on from Henri Dumur.

The artists

When an expansion of the factory buildings for the Optische Werke became necessary in 1907, Ernst Leitz II gave the commission to the Wetzlar architect **Jean Emil Schmidt (1877–1959)**. He planned to build the city's first »high-rise building« in what is now 17–37 Ernst-Leitz-Straße, on the corner of Schützenstraße, a »brick building with historical influences built on a (rough) ashlar base«[8] with a steep mansard roof. This idea was changed during the construction process, however, and the building was built on a concrete skeleton and with a simply articulated façade. Given its historical surroundings, this relatively unadorned building was the first sign of modernity in Wetzlar. The classicist overtones of the building's half-hipped roof with the character of a mansard roof, built in 1912 with ten axes of symmetry, which had colossal pilasters as a connective motif, are in line with the artistic tastes of the time.

In 1913, Schmidt built a foundry building, no longer remaining today, which also served as accommodation for firm employees following the First World War. In 1935 and 1938 respectively, Schmidt, who had unofficially become the firm's sole architect, closed the gap between the first two buildings in the Ernst-Leitz-Straße with two eight-story high-rise buildings built using steel-reinforced concrete.[9]

Apart from the external architecture and basic structure of Haus Friedwart, for which he also supervised the building operations, Schmidt was responsible during the period from 1925 to 1939 for various conversions and refurbishments of the former Franciscan church as well as the building of numerous homes in Wetzlar, including those of the families Kremp (1922) and Weil (1925). He cultivated a moderate modern style, staying with hipped roofs and corniced mouldings.[10]

When **Bruno Paul (1874–1968)** first arrived in Wetzlar, he had reached the summit of his artistic and social career as a designer of elegant villas, chic interiors for ocean liners and striking commercial buildings.

His appointment to the Unterrichtsanstalt des Kunstgewerbemuseums Berlin by Wilhelm Bode in 1907 turned the illustrator who had criticized the regime in the satirical magazines *Jugend* and *Simplicissimus* into a Prussian official, who used his position to support the development of the modern art movement and was a founding member of the Deutscher Werkbund. His success was based on a solid education at the art school and at the academies in Dresden and in Munich. His ingenious and technically demanding interiors, produced in conjunction with the Vereinigte Werkstätten für Kunst im Handwerk in Munich received honours at exhibitions both in Germany and abroad.

Apart from his reforms of the education of young applied artists, in 1914 Bruno Paul took a decisive step towards abstract stylized form, playful manipulation of dimensions and bold colours within his own work with his creation of the »Gelbes Haus« for an exhibition, the Werkbund exhibition in Cologne. If this show had not been closed at the end of the month by the outbreak of World War I, then the beginning of German Art Déco would be dated from this event, whose »audacious advances into colour« were welcomed by critics.[11]

The commission for making alterations to certain areas of the main structure and creating the entire interior for Haus Friedwart allowed Bruno Paul to further devel-

Haus Friedwart ermöglichte es Bruno Paul, seine für Köln entwickelten Ideen dank des geeigneten Rahmens und eines großzügigen Budgets noch einmal voranzutreiben. Entstanden ist ein Gesamtkunstwerk, wie es in Deutschland aus dieser Periode kein zweites Mal erhalten geblieben ist und das sowohl durch die farbige Wirkung und Ausstattung der Räume als auch durch die Details von Türklinken und -füllungen, Heizkörperverkleidungen, Stehlampen und Lüstern lebt. Die direkte Umsetzung der künstlerischen Ideen kann durch den Vergleich von Bleistiftskizzen der Diele, des Speisezimmers (mit einer zweiten Variante der Wandgestaltung hinter dem Buffet), des Arbeitszimmers, der Roten Diele, des Wohnzimmers und des Musikzimmers im ersten Obergeschoß mit den heutigen Räumen nachvollzogen werden.[12]

Unterstützt wurde Bruno Paul von seinem Weggefährten **Emil Orlik (1870–1932)**, der die Schnitzereien im Treppengeländer entwarf. Der Sohn eines Prager Schneiders war nach einer Ausbildung an der Akademie in München zum Graphiker und Kunstgewerbler auch für die *Jugend* tätig. Reisen nach England, Japan und Wien prägten ihn stark, bevor er 1905 Leiter der Klasse für Graphik und Buchgestaltung an der Unterrichtsanstalt des Kunstgewerbemuseums in Berlin wurde, der, wie erwähnt, seit 1907 Bruno Paul als Direktor vorstand. Weitere Reisen führten zu einer formreichen, durch Exotismen angereicherten Bildsprache in Orliks Werk, das Entwürfe für Buch- und Bühnenkunst, Tapeten, handgedruckte Stoffe und Plakate, aber besonders zahlreiche Portraits aus der Welt des Theaters in unterschiedlichen graphischen Techniken umfaßt.[13] Eine Lithographie von Tilla Durieux aus dem Jahr 1922 und eine Kaltnadelradierung des Dirigenten Wilhelm Furtwängler von 1928 befinden sich in der Roten Diele im Obergeschoß. 1932 bat Orlik überraschend um seine vorzeitige Pensionierung, da er sich in der Schule zunehmend isoliert fühlte und sich auch außerhalb der Anstalt als Jude Anfeindungen ausgesetzt sah. Als er noch im selben Jahr starb, hielt Bruno Paul die Trauerrede.

Von Ernst Leitz II und seinem ältesten Sohn Ernst als Begabung früh erkannt und gefördert, fanden mehrere Werke des Bildhauers **Hermann Lickfeld (1898–1941)** ihren Weg in Garten und Haus Friedwart. Gemäß seiner Biographen[14] mußte der Sohn eines Schneiders auf Weisung des Vaters schon mit 14 Jahren Laufbursche, dann Dreherlehrling bei Thyssen in Mülheim werden. Nach dem Kriegsdienst übte er diesen Beruf zunächst zwar aus, besuchte aber gleichzeitig 1922/23 die Handwerker- und Kunstschule in Essen-Rüttenscheid, die heutige Folkwang-Schule. Dank eines Stipendiums bereiste er anschließend Italien und stellte 1926 in Mülheim erstmals seine Werke aus. Als der Erfolg nicht seiner Erwartung entsprach, studierte er Anatomie bei Siegfried Mollier in München. Der Erwerb der Holzplastik *Versuchung* von 1933/36 markiert den Beginn einer Freundschaft zwischen der Familie Leitz und dem Künstler. Aufträge für zwei große Reliefs als Ehrenmal für gefallene Werksangehörige an Firmengebäuden 1937 sowie vier Bronzereliefs mit Allegorien zur Optik am Hochhaus in der Kalsmuntstraße 14 führten zu weiteren Erwerbungen und Portraitaufträgen im Familienkreis.[15] Lickfelds letzte Plastik *Mann mit Blütenzweig* von 1940/41 steht im Garten des Hauses zwischen Rhododendren und beeindruckt durch das innige Versunkensein der Figur.

Auch die Portraits der Familienmitglieder von **Fritz Reusing (1874–1957)** gelangten erst über Jahrzehnte hinweg nach Wetzlar. Reusing war bereits als Kind dem Zeichnen verfallen, bis er nach dem Gymnasium an der Akademie in Düsseldorf bei Peter Janssen, Hugo Crola, Claus Meyer und Arthur Kampf studieren durfte. Bald wandte sich Reusing erfolgreich dem Portrait zu – die Schönheit *Mira* wurde 1900 auf der Internationalen Kunstausstellung in München prämiert und bildet den Auftakt zu zahlreichen Portraits eleganter Damen, aber auch namhafter Industrieller, Künstler und Wissenschaftler. »Den einzelnen Menschen in seiner unverwechselbaren Eigenart darzustellen«,[16] war Reusings Anliegen, das er nach zahlreichen Vorstudien in Ölgemälden wie auch Pastellen vollendete.

Als Hersteller der soliden Inneneinrichtung und der Einzelmöbel sind im Fall des Speisezimmers und wohl auch der Roten Diele die **Deutschen Werkstätten** in Hellerau bei Dresden zu nennen. Mit dem Gründer dieses Reformunternehmens, Karl Schmidt, war Bruno Paul spätestens 1907 im Zusammenhang mit der Gründung des Deutschen Werkbunds in engen Kontakt gekommen, und er begann 1911, dort Entwürfe ausführen zu lassen.[17]

Obwohl in Hellerau technisch alle Möglichkeiten gegeben waren, ist es überliefert, daß Handwerker von außerhalb den Innenausbau von Haus Friedwart vor Ort gefertigt haben. Darunter befand sich der in München zum Bauzeichner ausgebildete **Eduard Nagengast (1882–1960)**, der wohl auf Empfehlung von Bruno Paul von Frankfurt am Main hierher übersiedelte. Anschließend gründete er mit Unterstützung von Ernst Leitz II die Wetzlarer Möbelwerkstätten GmbH.

Das Haus

Das Gutachten des Landeskonservators von Hessen, Reinhard Bentmann, vom 25. 7. 1974 bewertete mit der höchstmöglichen Punktzahl 20 den »Erhaltungszustand und (die) technische Bedeutung« des Hauses, worunter die handwerkliche Qualität der Ausführung in der Werksteingliederung und die gute Meißelarbeit, die Erhaltung des Originalzustands, die ursprüngliche Farbgebung innen und außen sowie der gute bis sehr gute bauphysikalische Zustand gehörten.[18]

Die Lage des Hauses auf dem Hügel des Kalsmunt mit Blick auf die gegenüberliegende Altstadt von Wetzlar bedeutet für das Kellergeschoß des zweistöckigen Gebäudes mit ausgebautem Mansarddach, daß es zur Gänze erst kurz vor der Westseite des Hauses im ansteigenden Hang des Grundstücks verschwindet und dadurch den optisch notwendigen Sockel der zur Stadt hin orientierten Hauptfassade bildet. Weil zu den Bedingungen der Bauerlaubnis vom 18. Juni 1914 gehörte, daß die »Kellermauern in Bruchsteinen [...] 66 cm tf., das Backsteinmauerwerk 64 cm tf. zu mauern«[19] waren, unterscheiden sich die Geschosse auch in ihrer Oberflächenstruktur und unterstreichen die Sockellösung.

Die Kelleraußenwände, alle Fensterrahmen und Sohlbänke, die Balustraden, die Balkonkonsolen und die von Bruno Paul veränderte Umrahmung der Treppenhausfenster auf der Gartenseite sind steinsichtig, während die Fassaden hell verputzt sind. Durch die drei frei stehenden Seiten war es möglich, einige Keller und besonders die Küche und das anschließende Mädchenzimmer mit senkrechten Fenstern ohne Lichtschacht auszustatten. Nach außen hin trat in der ersten Planung die monumentale Freitreppe nur mit den wenigen Setzstufen

8. Franz Blazek (?), gußeiserne Platte des Kamins in der Halle des Hauses Friedwart. (Photo: Gerd Scharfscheer.)
9. Ernst Barlach, Kruzifix, 1918. Unnumerierter Guß von 1939 in der Halle des Hauses Friedwart. (Photo: Gerd Scharfscheer.)
10. Hermann Lickfeld, *Mann mit Blütenzweig*, 1940/41. (Photo: Gerd Scharfscheer.)

8. Franz Blazek (?), cast-iron panel of the open fireplace in the main hall of Haus Friedwart. (Photo: Gerd Scharfscheer.)
9. Ernst Barlach, crucifix, 1918. Unnumbered casting from 1939 in the main hall of Haus Friedwart. (Photo: Gerd Scharfscheer.)
10. Hermann Lickfeld, *Man with Spray*, 1940/41. (Photo: Gerd Scharfscheer.)

op the ideas he had come up with for Cologne, thanks to the suitable nature of the space involved and a generous budget. The result was a Gesamtkunstwerk like no other remaining from this period in Germany, which impresses through the effects of colour and arrangement of the rooms as well as through the details of the door handles and door panels, screens for radiators, tall lamps and chandeliers. The process of transferring artistic ideas into reality can be comprehended by comparing the draft sketches for the vestibule, the dining room (whose wall behind the sideboard shows a second variation of form), the office, the Red Vestibule, the living room and the music room on the first floor with the rooms as they are today.[12]

Bruno Paul was assisted by his associate **Emil Orlik (1870–1932),** who designed the carving for the stair banisters. The son of a tailor in Prague, he was active as a graphic artist and craftsman, even working with young people, following his training at the academy in Munich. He was strongly influenced by his travels in England, Japan and Vienna, before becoming the Director for the graphic art and bookbinding department for in the educational section of the Kunstgewerbemuseum in Berlin, which, as already mentioned, had been directed by Bruno Paul since 1907. Further journeys contributed to the visual style of Orlik's work, which was diverse in forms and enriched by exotic concepts. It encompassed designs for books and for the stage, carpets, hand-printed fabrics and posters, but in particular a number of portraits taken from the theatrical world and produced using a variety of graphic techniques.[13] A lithograph of Tilla Durieux dating from 1922 and a dry-point etching of the conductor Wilhelm Furtwängler dating from 1928 can be seen in the Red Vestibule on the first floor. In 1932 Orlik unexpectedly asked for early retirement, as he was feeling increasingly isolated within the art school. As a Jew, he also felt threatened outside the context of the institution. When he died later in the same year, Bruno Paul spoke at his funeral.

Several works by the sculptor Hermann Lickfeld **(1898–1941),** whose talent had been recognized at an early stage and encouraged by Ernst Leitz II and his eldest son Ernst, found their way into Haus Friedwart and its garden. The son of a tailor, he was according to his biographers[13] an errand boy for Thyssen in Mülheim at the age of fourteen, a position secured for him by his father, and later an apprentice turner. Returning from military service, he initially took up this trade again, but also attended the Handwerker- und Kunstschule in Rüttenscheid, Essen, now known as the Folkwang-Schule, from 1922 to 1923. Thanks to a grant award, he toured Italy at the end of this period, and in 1926 in Mülheim he exhibited his work for the first time. When the success of this exhibition did not live up to his expectations, he studied anatomy in Munich under Siegfried Mollier. The acquisition of the wood carving *Temptation* (1933 to 1936) marked the beginning of a friendship between this artist and the Leitz family. Commissions for two large reliefs on the firm's buildings as memorials to fallen factory employees as well as a bronze relief showing allegorical figures relating to optics for the high-rise building at 14 Kalsmuntstraße led to further acquisitions and commissions for portraits from the family.[15] Lickfeld's last sculpture *Man with Flowering Branch* (1940/41) stands in the garden of the house, between rhododendron bushes, where the figure's introspectiveness makes a strong impression.

Portraits of members of the family by **Fritz Reusing (1874–1957)** only reached Wetzlar after several decades. Even as a child, Reusing was given to drawing. After attending school he was able to study at the academy in Düsseldorf under Peter Janssen, Hugo Crola, Claus Meyer and Arthur Kampf. He soon turned his attention to portraits, and met with success – the beautiful *Mira* received an award at the Internationale Kunstausstellung in Munich in 1900 and was the first of numerous portraits of elegant women, but also of important industrialists, artists and scientists. Reusen's wish was »to portray individual people with their unmistakable characteristics«,[16] an aim which he achieved through numerous preliminary studies in oils and pastels.

The **Deutsche Werkstätten** in Hellerau near Dresden should be mentioned as the manufacturer of the solid interior fittings and the individual pieces of furniture for the dining room and probably the Red Vestibule as well. By 1907 at the latest, when they worked together on the founding of the Deutscher Werkbund, Bruno Paul and the founder of this reform movement, Karl Schmidt, had become well acquainted, and in 1911 he began to have projects built there.[17]

Although all aspects of construction were in theory catered for at Hellerau, it is known that craftsmen from outside this organization worked onsite on the interior construction of Haus Friedwart. Among them was **Eduard Nagengast (1882–1960),** who had trained as an architectural draftsman in Munich and who had probably transferred here from Frankfurt am Main on Bruno Paul's advice. He went on to found the Wetzlarer Möbelwerkstätten GmbH, with the support of Ernst Leitz II.

The house

The report published on 25 July 1974 by the Hessen state conservator, Reinhard Bentmann, gave the house a mark of 20, the highest possible, for »state of repair and technical significance«, categories which include the quality of craftwork used in executing the stonework and the quality of the masonry articulation, how far the building has retained its original state, the original interior and exterior decoration as well as the good to very good state of the building's structure.[18]

The plot for the house is situated on the Kalsmunt hill with a view of the Wetzlar's old town opposite. This means that the basement storey of the two-storey building with its mansard roof disappears when one approaches the west side of the house due to the increasing slope of this piece of ground. This means that it forms the optically necessary pedestal for the house's façade, which faces towards the city. Due to one of the conditions on the planning permission granted on 18 June 1914: the »ashlars of the cellar wall to be 66 cm thick, the brickwork to be 64 cm thick«,[19] the surface composition of the storeys is different, which makes the pedestal solution more noticeable.

The cellar's external walls, all window frames and sills, the balustrades, the balcony brackets and the surround of the stairwell window opening onto the garden, which was altered by Bruno Paul, are bare stone, whereas the façades are rendered in a light colour. The three open sides allow for some of the cellars and in particular the kitchen and the connected maid's room to be fitted with vertical windows, with no need for light shafts. On the zur Auffahrt hin in Erscheinung, wurde aber von Bruno Paul nach dem ersten Podest durch ein schräges Treppengeländer zwischen der zweiten und dritten Säule der quer gelagerten Vorhalle stärker betont. Die Strenge der Fassade wurde auf diese Weise etwas aufgelockert.

Deren Dreiteilung entspricht klassischen Vorbildern. Ein vierachsiger Mittelbau, dem im Erdgeschoß die von fünf Säulen getragene Vorhalle mit Kassettendecke und darüber ein über die ganze Breite hinweggehender Balkon vorgeblendet sind, wird flankiert von zwei als einachsige Risalite ausgebildeten Seitenflügeln, die von Doppelpilastern in Kolossalordnung gerahmt werden.

Auf den Schmalseiten des Hauses bilden im Süden vier Pilaster gleich breite Wandflächen mit jeweils einer Fensterachse aus, wovon im ersten Obergeschoß links und rechts Türen auf Balkone führen. Im Norden ergibt eine Folge von Einzel-, Doppel- und Einzelpilastern zwei breitere Abschnitte mit jeweils zwei Fensterachsen. Die Gartenseite ist in der Fläche ungegliedert. Hier jedoch tritt im Erdgeschoß an der Nordwestecke ein gemauerter Wintergarten vor, der über einem profilierten Natursteingesims eine seitlich durchfensterte Loggia mit zwei eingestellten Säulen nach einem Entwurf von Bruno Paul trägt, nachdem der erste Entwurf von Schmidt hier nur einen Balkon vorgesehen hatte.

Während im Erdgeschoß Rundprofile die Rahmen der halbrunden Fenster auf kassettierten Sockelfeldern bilden, haben die rechteckigen Fenster im ersten Obergeschoß, im Mansardgeschoß und im Dachraum darüber eckig abgesetzte Profile.

Das mit Schieferplatten eingedeckte Dach wiederholt auf der Ostseite die Dreiteilung der vorspringenden Risalite durch eine zweistufige Bedachung, während auf der Westseite das Mansarddach in der Mitte von zwei Gaupen mit Doppelfenstern und fünf kleineren Fenstern dazwischen durch verputztes Mauerwerk unterbrochen wird. Ein Freisitz bekrönt den Dachfirst in der Mitte, dessen Enden die Kamine markieren.

Die von Schmidt gewählten neoklassizistischen Gestaltungsmotive hat auch Bruno Paul gern bei seinen Häusern verwendet. So finden sich von Säulen getragene Vorhallen, dreigeteilte Hauptfassaden und Mansarddächer mit Gaupen zum Beispiel beim Landsitz des Bankiers v. Mendelssohn-Bartholdy, dem Schloß Börnicke von 1909–11, beim Haus Herxheimer in Wiesbaden von 1911/12 oder beim Nellini-Stift in Frankfurt am Main von 1911–13. Ein konzeptionell grundlegender Unterschied liegt in der Beschränkung Schmidts auf einen Wintergarten im Erdgeschoß, während Bruno Pauls Bauten meist über eine Terrasse Zugang in den Garten gewähren.

Rundgang

Schreitet man die Treppenanlage hinauf, eröffnet sich auf dem oberen Podest ein beeindruckend weiter Blick über die Bäume hinweg auf die Häuser von Wetzlar und die gegenüberliegende Anhöhe. Ebendort begrüßt auf einem Sockel in aufrechter Haltung der still verharrende Akt *Mädchen mit Blume* die Besucher – eine 1934 entstandene Bronzeplastik des Mülheimer Bildhauers Hermann Lickfeld.[20]

Für den schmalen **Eingangsflur** wählte Bruno Paul ein durchgehendes, weiß gestrichenes Tonnengewölbe, das durch ein Rundprofil in Höhe der Türrahmen von den in Beige getönten Wänden abgesetzt wird. Gegenüber der Eingangstür befindet sich der Zugang zum hinteren Treppenhaus, das als funktionaler Raumkörper über alle Etagen hinweg das Haus erschließt und über dessen Tür ein farbiges Majolikarelief mit einer Madonna im Früchtekranz nach Luca della Robbia in die Wand eingelassen ist. Die beiden aus Florenz stammenden Motive des tonnengewölbten »andito« und der Majolika verleihen dem Raum eine klassisch abendländische Note, würde nicht der dunkelgrau glänzende Marmorboden in eine schwarz gehaltene Heizkörpernische übergehen, deren weiß lackiertes Gitter eine bislang im Werk Bruno Pauls erstmalig eingesetzte Art-Déco-Binnengliederung aus gebrochenen Linien mit gegenständlichen Blattmotiven zeigt. 1921 rechnete man es »zu den Dingen, die selbst ruhig sind, aber nicht ruhig lassen, weil man ihre Gliederung nicht leicht durchschaut und immer anfängt, an ihnen herumzurätseln«.[21] Schräg gegenüber steht als einziges Möbel unter einer einfachen Wandlampe eine Kommode aus Mahagoni mit quadratischer Profilgliederung der Türen und Schübe, deren Griffe ebenso schwarz gebeizt sind wie die kräftige Deckplatte. Ihr Gegenüber bildet eine Tür mit halbrundem Oberlicht in Scheitelhöhe zum keramischen Relief, die einen Flur abtrennt, der zu drei Fremdenzimmern mit Bad und Toilette führt. Diese sind heute neu eingerichtet, das ursprüngliche Mobiliar war zweckmäßig schlicht und ist teilweise erhalten.

Daneben eröffnet ein Durchgang den Blick auf eine ursprünglich rechteckige **Garderobe**, die durch Einbauten von gerundeten Elementen – in Form der hufeisenförmig gewölbten Rückwand und der breiten Deckenkehle – ein anheimelndes Raumgefühl ausstrahlt. Der Grundriß wiederholt sich verkleinert im linearen Deckenstuck. Die Welt verwirrender Kleinteiligkeit durch eine Wandbespannung mit naturalistisch-floralem Muster wird gegliedert durch blaugrüne Paneelprofile, deren Breite mit der Tür zur Toilette links ebenso übereinstimmt wie mit den Dimensionen der offenen, marmorverkleideten Waschnische rechts.

Durch eine zweiflügelige Tür aus Mahagoni mit schwarz abgesetzten Profilen und einem handgeschmiedeten Beschlag betritt man die **Halle**, und der Blick fällt zunächst auf einen offenen Kamin gegenüber, dessen gußeiserne Platten mit exotischen Motiven vermutlich von Franz Blazek stammen, einem jungen Bildhauer, der an der Unterrichtsanstalt in Berlin bei Josef Wackerle studierte und mehrfach von Bruno Paul mit Aufträgen bedacht wurde. Kennern von Bruno Pauls Werk fällt der Schlangenleuchter aus Messing an der Decke auf, der nicht nur in der eigenen Wohnung des Künstlers, sondern auch in den Häusern Hainerberg, Waltrud, Röchling und Herz in Berlin hing. Vor den Fenstern mit Blick auf die Stadt bildet ein Sofa mit betont überhöhter Rücklehne samt angedeuteten Ohrenbacken – in der Mittelleiste eine exotische Kakteenranke als Schnitzwerk zwischen Rohrgeflecht – mit einem länglichen Tisch und Stühlen ein Ensemble, das durch die hohe, aber weit nach innen versetzte Zarge und die blockartigen Beine im Stil an chinesisches Mobiliar erinnert. Eine eigens dafür bestimmte Leselampe erleichtert die Lektüre von Zeitschriften, die in einem Schrank neben der Tür aufbewahrt werden. Der Korpus mit vier quadratischen Türen mit achteckigem Sternfurnier, gerahmt von breiten, halbrunden Profilen, ruht auf einem breiteren Sockelgestell mit zwei Schubladen. Auch dieser Möbeltypus wurde von Bruno Paul neu für Haus Friedwart entwickelt.

11. Bruno Paul, Haus Friedwart. »Vorplatz«.
12, 13. Bruno Paul, Haus Friedwart. »Esszimmer«.

11. Bruno Paul, Haus Friedwart. »Lobby«.
12, 13. Bruno Paul, Haus Friedwart. »Dining room«.

outside, a grand open staircase leads to the driveway. In the original plan, this staircase was only fitted with risers, but Bruno Paul fitted the part of it above the first landing with an oblique banister between the first and second columns, giving, the transverse vestibule a stronger emphasis. This lightens the austerity of the façade a little.

The three-part structure of the façade corresponds to the classical structure. A mid-section built on four axes, with the vestibule with its five supporting pillars and coffered roof superimposed on it on the ground floor and with a balcony extending across its whole length above, is flanked by two side-sections in the form of ressauts on a single axis, which are flanked by the double pilasters to form a capitol.

At the south end of the house, four pilasters form equal sections of wall surface, each with a window axis, from which on the first floor doors on the left and right lead to balconies. At the north end, an alternating series of single and double pilasters result in two larger divisions of wall, each with two window axes. The wall facing the garden presents an undivided surface. Here, however, a walled conservatory is present at the northwest corner, with a loggia with windows at the side and with two engaged pillars over a profiled cornice of natural stone. This is according to a plan by Bruno Paul. The original plan by Schmidt only provided for a balcony.

While round mouldings form the frames for the semicircular windows on the first floor, the oblong windows on the first floor, in the mansard roof and in the roofspace above have diagonally offset mouldings.

On the eastward side, the slate roof echoes the tripartite structure of the projecting ressauts through a two-tiered structure, while on the west side the mansard roof is interrupted by two dormers with double windows and five smaller windows set in plastered stonework. The roof ridge is topped in the middle by a rooftop terrace, its ends marked by the chimneys.

The neoclassical style chosen by Schmidt was also favoured by Bruno Paul when building his houses. Pillared porches, tripartite façades and mansard roofs with dormers can also be seen in the country seat built for the banker von Mendelssohn-Bartholdy, Schloß Börnicke, built in 1909–11, in the Haus Herxheimer in Wiesbaden, built in 1911/12, or in the Nellini-Stift in Frankfurt am Main, built in 1911–13, for instance. One fundamental difference in concept is that Schmidt restricts himself to adding a conservatory on the ground storey, while Bruno Paul's constructions usually have a terrace to allow access into the garden.

A tour of the house

Going up the stairs, on reaching the upper landing one sees an impressive wide view over the trees, taking in the houses of Wetzlar and the heights opposite. In that very place, on a pedestal, stands the *Girl with Flower*, a still study, greeting the visitor – a bronze statue created in 1934 by the Mühlheim sculptor Hermann Lickfeld.[20]

Bruno Paul chose a full-length white-painted barrel vault as a ceiling for the narrow **entrance hall**. It is separated from the beige-toned walls by a round moulding at doorframe height. Situated opposite the entrance door is the entry to the rear stairwell, a functional space which allows access to all storeys. Over its door is a colourful majolica relief, showing a Madonna crowned with fruit in the style of Luca della Robbia, inset into the wall. The motifs of the barrel-vaulted »andito« and the majolica, with their Florentine origin, give this space a classical occidental tone, or would if the gleaming, dark grey marble floor did not run into a niche, painted black, housing a radiator, whose white lacquered latticework shows an internal Art Déco design of broken lines and representational leaf designs never before used in Bruno Paul's work. In 1921 this was considered »one of those things which are peaceful in themselves, but do not leave one in peace, because one can not easily perceive how the pattern connects together, and is always trying to puzzle it out«.[21] Opposite it at an angle, under a simple wall lamp, stands a single article of furniture, a mahogany chest of drawers with square designs on the drawer and door profiles, whose handles are stained black, as is the substantial top. Its opposite is a door with a semi-circular glass panel above it, at just above head height, at the highest point of the ceramic relief, which leads to a hallway leading to two guest rooms with en-suite toilet and bathrooms. These have been refitted since then; the original furniture was simple and functional. Some articles of it remain today.

Next to this door, a corridor gives us a view of a **cloakroom**, originally rectangular but emanating a sense of comfortable space due to the building in of rounded components – the horseshoe-shaped rear wall and the broad coving around the ceiling. The room's outline is echoed by the lines of the ceiling stucco. The world full of bewildering tiny details created by the wall covering with its naturalistic floral pattern is given structure by the blue-green panel mouldings, whose breadth is in accordance with both the lavatory door on the left and with the dimensions of the open, marble-decorated washing niche on the right.

One enters the **main hall** through double doors of mahogany with mouldings picked out in black and with handcrafted metal fittings. The first thing to which one's eye is drawn is an open fireplace, with cast-iron panels with exotic patterns which were presumably made by Franz Blazek, a young sculptor who studied under Josef Wackerle at the Unterrichtsanstalt in Berlin and received several commissions from Bruno Paul. Those knowledgeable about Bruno Paul's work will be struck by the brass snake light fitment that hangs from the ceiling. This has been found not only in Paul's own apartment, but also in the houses Hainerberg, Waltrud, Röchling and Herz in Berlin. In front of the window, which commands a view of the town, is an ensemble formed by a sofa with an exaggeratedly high back complete with a suggestion of arms, with an exotic carving design consisting of a line of cactuses in between the wickerwork on the middle section, together with an elongated table with chairs, whose high but inset apron and blocky legs are reminiscent of the style of Chinese furniture. A purpose-designed reading light makes it easier to read the newspapers which are stored in a cupboard next to the door. This structure, with its four square doors with eight-cornered star-shaped veneer designs, framed by broad, semi-circular mouldings, rests on a broader pedestal with two compartments in it. This is another furniture design which was developed by Bruno Paul specifically for Haus Friedwart.

One feature which is significantly more dominant is the colourful walnut panelling of the open stairwell on

Wesentlich dominanter jedoch ist die farbkräftige Nußbaumholzvertäfelung des offenen Treppenhauses links, das durch einen niedrigen Sturz von der hell getünchten Halle getrennt wird. In der linken Ecke der wiederum durch Profile quadratisch gefelderten Nische befinden sich übereck zwei Wandvitrinen. Den oberen Abschluß bildet ein massiver Tragbalken, in den auf einem gleichmäßig umgeknickten Schriftband mit stilisiertem Eichenlaub dazwischen der Sinnspruch »Deutsches Haus im deutschem Land / in Deutschlands schwerer Zeit entstand / Mai 1914 ✶ 1917 Oktober / Friedwart wurde es genannt / Schirm es Gott mit deiner Hand« geschnitzt ist. Ernst Leitz II beließ es jedoch nicht bei dieser stillen Bitte, den Frieden zu hegen, sondern hatte sich schon seit 1907 politisch aktiv als liberaler Demokrat bewiesen, dessen Haus allen ebenso freisinnig Toleranten offenstand.[22]

Eine Sitzgruppe mit einem ungewöhnlich niedrigen Zargentisch – Kommentar von 1921: »... der ihnen nicht, wie die anderen Tische, die Menschen halb zerschneidet«[23] –, Sesseln und Stühlen bildet seit Jahrzehnten einen Treffpunkt der Familie und ihrer Gäste. »Die prägenden Erlebnisse meiner Kindheit«, erinnert sich Cornelia Kühn-Leitz, »waren die Begegnungen mit Musikern, Schauspielern, Tänzern, mit allen Künstlern, die unser Haus in regelmäßigen Abständen bevölkerten. [...] Sie hatten dabei jede Freiheit und konnten, wann immer sie wollten, auf einem der drei Flügel im Hause üben oder zu ihren Proben gehen und lebten doch an den freien Abenden in einer größeren Gemeinschaft, die sich oft in der holzgetäfelten Halle um den runden Tisch versammelte und Gespräche bis tief in die Nacht hinein führte.«[24]

Ein bedeutendes skulpturales Werk des deutschen Expressionismus ist das Treppengeländer von Emil Orlik, das über üppig geschwungenen exotischen Akanthusranken mit Blüten und Früchten einen breiten, schwarz lackierten Handlauf trägt.

An der Rückwand des ersten Treppenpodests hängt das wohl beeindruckendste Kunstwerk des Hauses: ein Abguß des großen Kruzifixes von Ernst Barlach (1870 bis 1938), das, »auf Kriegsgräbern in Eisenguß bestimmt«, im Auftrag des Preußischen Kultusministeriums 1918 entstanden ist.[25] Auf ein Eichenkreuz mit nach unten gebogenen Armen montiert, sind die Augen der fast lebensgroßen Plastik mit halb geschlossenen Lidern wiedergegeben und spiegeln so die letzte Phase des Erlösers im Kampf zwischen Leben und Tod. Der dem Leben fast schon entrückte Moment verleiht der Plastik eine große Ruhe in ihrer Wirkung. Der erste Guß des Modells war 1931 als Geschenk des preußischen Staates für die Elisabethkirche in Marburg bestimmt; das hiesige Kruzifix ist eines von vier unnumerierten Exemplaren, die bei Noack in Berlin 1939 angefertigt wurden,[26] und hat die Marburger Kreuzform mit nach unten gebogenen Armen, die von Staatsbaurat H. Lütcke stammt. Da bereits zwei Jahre vor dem Erwerb des expressionistischen Kunstwerks durch Ernst Leitz III die Nationalsozialisten den Bildhauer als »entartet« erklärt hatten, wurde das eindrucksvolle Kunstwerk für Jahre unter der Treppe versteckt und ist so der Vernichtung durch Einschmelzen entgangen.

An der Nordostecke des Hauses befindet sich ein Familienzimmer, das **Biedermeierzimmer**, das mit ererbten Biedermeier-Möbeln ausgestattet ist. Aus dem Motiv des Alkovens schuf Paul eine Nische mit verglasten Wandschränken wie in der Halle, die Kleinkunst vergangener Tage aufnehmen. Der Strenge des Raumes und seiner Kirschbaummöbel entsprechen die parallelen Stäbe der Heizkörperverkleidung unter den drei Fenstern, die einen Blick in Richtung Stadt gewähren. Heute steht in dem Raum einer von drei Flügeln des Hauses und erinnert an die Zeit, als nach dem Krieg hier das »Kulturgemeinschaftszimmer« war, das von der gleichnamigen Wetzlarer Vereinigung zur kulturellen Bildung benutzt wurde.

Durch eine breite Schiebetür gelangt man in das **Speisezimmer**, dessen Eingangsseite sich durch gerundete Vertäfelungen mit eingelassenen doppelbogigen Schrankvitrinen, die Meissener Porzellane und weiteres Tischgerät enthalten, zum Raum hin öffnet. Zentraler Fixpunkt ist unter der feingliedrigen, zweistufigen Messingkrone ein ovaler Ausziehtisch, der Platz für bis zu achtzehn mit schwarzem Leder gepolsterte Stühle bietet. Die stilisierte Schildform der Lehnen besticht durch den Durchbruch der schleifenförmigen Rahmenleiste. Die kleine Kommode und das große Buffet – in eine Nische der umlaufenden Vertäfelung eingepaßt und von quadratischen Spiegellampen flankiert – sind Beispiele für die Abkehr von der simplen Kubatur im Möbelbau. Ausgeführt von den technisch fortschrittlichen Deutschen Werkstätten in Hellerau bei Dresden, bedeuten die Details der Zickzackleiste der Galerie und die vertikal ein- und ausschwingenden Fronten heute einen beachtenswerten Vorgriff auf Motive der frühen 1920er Jahre.

Die große, unbemalte Fußschale aus der Königlich Preußischen Porzellanmanufaktur (KPM) in Berlin – vermutlich ein Schinkel-Modell – wählte Paul speziell für dieses Buffet aus, darüber hängt ein Ölgemälde des deutschen Impressionisten Otto Pippel (1878–1960) mit einem Blick auf den Tegernsee und die Alpen im Hintergrund. Gemütlichkeit trotz großer Runde verbindet man mit dem tiefer gesetzten, eingezogenen Korbgewölbe, dessen Wange auf der Fensterseite nur von den zwei Kappen der Bogenfenster eingeschnitten wird.

Drei Fenstertüren mit kräftigen Rundprofilen und kleinteiliger Sprossenverglasung führen in den **Wintergarten**, an dessen Kassettendecke ein gedrechselter Holzlüster hängt. Er ist mit schwarz lackierten Korbmöbeln auf schwarzem Marmorboden ausgestattet.

Für die störungsfreie Nutzung des Raumes als Speisezimmer ist noch auf die schmale Anrichte hinzuweisen, die vom rückwärtigen Treppenhaus betreten wird und durch einen Speiseaufzug mit der Küche im Untergeschoß verbunden ist.

Das große Treppenhaus der Halle führt im ersten Obergeschoß über einen Flur in die sogenannte **Rote Diele**, die von der Autorin Elfriede Mues 1921 als »Attacke auf die Stimmung« empfunden wurde: »rot die Möbel, rot der Teppich, rot die Vorhänge, der Leuchter, alles in reinstem Zinnober«.[27] Hintergrund ist die über der Vertäfelung des Treppenhauses angebrachte, fein gemusterte Tapete mit Blatt- und Rosenarrangements, die im Obergeschoß alle Wände und Pfeiler bedeckt. Die kleinen roten Farbwerte der Blütenblätter werden von einem kräftig rot lackierten Mobiliar aus Sitzbank, drei Sesseln, einem runden Tisch, einer Kommode und dem zugehörigen Holzlüster darüber korrespondierend aufgenommen und verstärken den Rotakkord. Die Bezeichnung »Frühstückszimmer« im Bauplan wird durch die leichten Sitzmöbel mit Rohrgeflecht und einen herrlichen Blick auf die Stadt unterstrichen und gesteht dem Raum eine breitere soziale Nutzung zu als einem Vorraum allgemein. Möbel mit einem farbigen Lackanstrich zu ver-

14. Bruno Paul, Haus Friedwart. »Obere Halle«.
15. Bruno Paul, Haus Friedwart. »Musikzimmer«.
16. Bruno Paul, Haus Friedwart. »Wohnzimmer«.
17. Bruno Paul, Haus Friedwart. »Herrenzimmer«.

14. Bruno Paul, Haus Friedwart. »Upper hall«.
15. Bruno Paul, Haus Friedwart. »Music room«.
16. Bruno Paul, Haus Friedwart. »Living room«.
17. Bruno Paul, Haus Friedwart. »Study«.

the left, which is separated from the pale whitewashed hall by a shallow lintel. In the left corner of this niche, which once again is divided into squares by a pattern of mouldings, are two wall-mounted glass cabinets. This niche is topped by a massive beam, on which is carved, in an interrupted band of text interspersed with stylized oak leaves: »German house on German land / Built during Germany's dark hour / May 1914 ∗ 1917 October / Friedwart was it called / Protect it God with your hand.« However, Ernst Leitz II did not stop at this silent request for peace, but had gained a name by 1907 as a politically active democrat, whose house was open to the open-minded and tolerant.[22]

A table-and chairs set containing an unusually low trestle table, which, according to a comment made in 1921: »did not cut each person into two halves like tables of usual height.«[23] The chairs and armchairs had been a focal point for the family and their guests for decades. »The most enduring memories of my childhood« recalled Cornelia Kühn-Leitz, »were the encounters with musicians, actors, dancers and all kinds of other artists, who filled our house on a regular basis. ... They were at complete liberty to do this. They would often rehearse or make studies on one of the house's three grand pianos. In the evenings, they came together to form a greater community, often in the room with the wood panelling, around the round table, and talked deep into the night.«[24]

The banister, by Emil Orlik, is a significant work of German Expressionism. Above curves of exotic acanthus, blossom and fruit, it has a broad handrail, lacquered black.

On the back wall of the first landing on this staircase hangs what must be the most impressive artwork in the house: a casting of the large crucifix by Ernst Barlach (1870–1938), which was created »intended for war graves in cast iron« as a commission for the Prussian Ministry of Culture in 1918.[25] The eyes of the almost life-sized statue, fixed on an oaken cross with its arms bent downwards, are half-closed, reflecting the final phase of the Redeemer's battle, suspended between life and death. The impression of life being almost departed gives the statue a peaceful air. The first casting for this model was intended for the Church of St. Elisabeth in Marburg, as a gift to the Prussian state. The crucifix here is one of four unnumbered copies which were made by Noack in Berlin in 1939.[26] It has the Marburg cross form, with the arms bending gradually downward, which originated with the state architect H. Lütke. As the sculpture had been declared »degenerate« by the National Socialists two years before the acquisition of the sculpture by Ernst Leitz III, this impressive artwork spent years hidden underneath the stairs, thereby escaping being melted down.

At the northeast corner of the house is a family room, the **Biedermeier room**, which is equipped with inherited Biedermeier furniture. In keeping with the alcove motif set by the one in the hall, Paul designed a niche with glazed wall cabinets preserving the miniature art of bygone days. The austere nature of the room and its cherry-wood furniture corresponds to the parallel lines of the radiator cover below the three windows, which offer a view towards the city. Today one of the house's three grand pianos stands in this room and recalls the time following the war when this was the »Kulturgemeinschaft room«, used by the Wetzlar league for cultural development of the same name.

The **dining room** is reached through a broad sliding door. The entrance side, with its curved panelling with inset twin-arched glass cabinets containing Meissen porcelain and other crockery, opens itself to the rest of the room. The central focus is a slender-legged oval folding-leaf table beneath a brass chandelier. It has chairs upholstered in black leather, and can seat up to eighteen people. The stylized shield-shape of the chair backs is striking due to the looped shape of the frame. The small chest of drawers and the large sideboard, set into a niche in the wood panelling and flanked by square mirror lamps, are examples of the move away from a straightforward cubic approach to furniture design. Completed by the Deutsche Werkstätten in Hellerau near Dresden, with their advanced technical capabilities, the details of the zigzag slats of the gallery and the in-and-out curved fronting are notable today because they anticipate motifs from the early 1920s.

The large, unpainted bowl with foot from the Königlich Preußische Porzellanmanufaktur in Berlin – presumably a Schinkel model – was chosen by Paul specifically for this side-table. Over it hangs an oil painting by the German Impressionist Otto Pippel (1878–1960), a view of the Tegernsee, with the Alps in the background. Despite its vast round space, the low, drawn-in groin vault, with its side-walls broken only on one side by the two apexes of the arched window, has a comfortable atmosphere.

Three French doors with bold circular mouldings and finely-spaced barred glazing lead to the **conservatory**, from the coffered ceiling of which a hand-turned wood chandelier hangs. It is provided with a black marble floor and black-lacquered garden furniture.

Another important contribution to the easy use of this space as a dining room is the small pantry, which is reached via the rear staircase and is connected with the kitchen in the basement by a lift.

On the first floor, the large flight of stairs which starts in the hall leads, via an atrium, to the so-called **Red Vestibule**, described by the author Elfriede Mues in 1921 as »an assault on the mood; red furniture, red carpet, red curtains, red light fittings, everything in the deepest vermilion«.[27] The background to all this is the wallpaper laid over the panelling of the stairwell with its intricate pattern of roses and leaves, which covers all walls and pillars on the first floor. The small red points formed by the petals of the flowers emphasize the red theme, and are picked up and expanded upon by the bold red-lacquered furniture, consisting of a bench, three armchairs, a round table, and a bureau with a wood chandelier above. The light wickerwork chairs and the fine view of the city are consistent with the description of this room in the building plans as »a breakfast room«, and give the room a broader social function than that of a straightforward anteroom. Applying a colourful lacquer to furniture – not in this case for reasons of hygiene, as with kitchen and bedroom furniture – was a technique which had already been put to use successfully by Bruno Paul for the Blue Dining Room at the Werkbund exhibition in Cologne, completed by Hermann Gerson in Berlin. The Wetzlar set was presumably crafted by the Deutsche Werkstätten in Hellerau, who made advances in the technique during the 1920s and developed their own range of lacquered furniture. Reminders of the family's history are the large neoclassical »Flute« wardrobe (so-called because of the carvings above the door), and, on the landing the Amsterdam sehen – in diesem Fall ohne sanitären Hintergrund wie bei Küchen- oder Schlafzimmermöbeln – hatte Paul bereits beim Blauen Eßzimmer auf der Werkbundausstellung in Köln erfolgreich erprobt, das Hermann Gerson in Berlin angefertigt hatte. Die Wetzlarer Garnitur haben vermutlich die Deutschen Werkstätten in Hellerau ausgeführt, die in den 1920er Jahren die Technik weiterentwickelten und eine eigene Lackmöbelreihe auflegten. Familiengeschichte symbolisieren der große klassizistische »Flöten«-Schrank (aufgrund seiner Schnitzereien im Giebelfeld) und, auf dem Treppenabsatz, die Amsterdamer Standuhr von 1635, die aus der Familie Wachsmuth stammt.

Nach der Kleinteiligkeit der Roten Diele wirkt die taubenblaue Wandvertäfelung des **Musikzimmers** aus breiten, pilasterartigen Paneelen und versilberten Profilen – darüber ebenfalls versilberte kleine Blattzweige zwischen gebrochenem Leistenwerk – betont nobel. Die geometrisch durchbrochenen Heizkörperverkleidungen mit applizierten Blütenrosetten sind dekorative Details, die sich im Deckenstuck wiederholen.

Der Lüster und die Wandlampen aus venezianischem Glas schließen sich dem Silberschimmer der Schnitzereien an. Dem Originalzustand im Kolorit entsprechen die altrosa Seidenvorhänge.

Der dreifarbige Parkettboden aus dunkler Mooreiche, hellem Kirschbaum und rötlichem Mahagoni bildet einen außergewöhnlichen Dreiklang, der von den Bezugsstoffen der Sitzmöbel mit floralem Muster auf blauem Grund aufgenommen wird. Die Gestaltung der Lehnenformen von Armlehnstühlen, Polstersesseln unterschiedlicher Form und den Sitzbänken aus Makassar-Ebenholz erinnert an die Disposition des Musiksaals im »Gelben Haus« auf der Werkbundausstellung in Köln 1914 – Bogensegmente bilden eine lineare Binnenzeichnung innerhalb geometrischer Konturen.

Wie im Erdgeschoß führt eine breite Schiebetür in den privaten, grün tapezierten **Wohnraum** der Familie, dessen rechteckiger Grundriß durch Einbauten von Bruno Paul zu einem an den Schmalseiten abgeflachten Oval umgeformt wurde. Eine Nische für die Sitzgruppe aus Biedermeier-Möbeln an der Längswand ist mit kolorierten Radierungen von Motiven der Lahngegend des Wetzlarer Malers Friedrich Christian Reinermann (1764 bis 1835) geschmückt, die den Bezug zur Heimat vermitteln. Die angenehm empfundene Form des Runden wiederholt sich bei diesem Raum in den gewölbten Flächen der Wandvitrinen, der Türblätter und des Deckenstucks, in dessen Zentrum eine Krone aus Glas und Messing hängt. Von den drei Fensteröffnungen ist die linke zu einer auf die Loggia führenden Tür vergrößert.

»Die **Loggia**, mit ihrem Blick in den Garten und auf den nahen Wald, war der Lieblingsplatz meines Großvaters«, erinnert sich Knut Kühn-Leitz.[28] Unter einer kräftigen Kassettendecke aus gefrästem Betonguß hängt ein weißgrün lackierter Holzlüster, dessen ein- und ausschwingende Teile aus einer klassischen Disposition eine stilisierte Form der Moderne machen. Die auf der innen graugrün-weiß gestrichenen Balustrade stehenden Säulen nehmen hierzu einen Kontrapunkt ein, der für Bruno Pauls Anspruch auf Avantgarde spricht.

Die hier verwendeten Sitzmöbel und Tische aus geflochtenem Peddigrohr, darunter auch ein Liegestuhl, der für das Sanatorium des Naturarztes Dr. Lahmann im Dresdener Vorort Weißer Hirsch entwickelt worden war, stammen aus der 1878 gegründeten Korbmöbelfabrik Theodor Reimann in Dresden.

Bei den **ehemaligen Privaträumen** auf der Ostseite des Flurs im Obergeschoß folgte auf das Arbeitszimmer des Bauherrn – ursprünglich ausgestattet mit Sitzecke, Schreibtisch und Bücherschränken nach Entwürfen von Bruno Paul, die heute im Unterschoß aufgestellt sind – das Schreibzimmer der Dame. Während eine reizvolle Nische zum Balkon hin eine Einbauvitrine über durchbrochener Heizkörperverkleidung »von ganz neuem Reiz in dieser Zusammenstellung und Umgebung«[29] enthält, war das Zimmer selbst mit Typenmöbeln von Bruno Paul aus dem Jahr 1907 möbliert. Die Durchgangstür zum anschließenden Damenschlafzimmer, das in den Farben Weiß und Blau bei Tapete, Vorhängen und Holzleisten gehalten war, flankieren verglaste Einbauschränke. Ursprünglich enthielt der Raum noch einen Waschtisch mit eingelassenem Porzellanbecken, einen oben mehrfach getreppten Standspiegel und eine Sitzgruppe – alles aus weiß lackiertem Holz. Das Schlafzimmer des Herrn gegenüber war farblich weiß und hellgrün gehalten.

Im ausgebauten **Dachgeschoß**, das – im Gegensatz zur Planung von Jean Emil Schmidt – nicht durch eine Weiterführung der großen Treppe, sondern nur durch das Treppenhaus zu erreichen war, lagen die Schlafzimmer der Kinder sowie des Personals.

Den Weg vom Altbekannten in eine neue Gegenwart bezeugen in besonderem Maße die Möbel der im Untergeschoß auf der Nordseite gelegenen **Küche**. Die Schmalseite nimmt eine asymmetrisch gebaute Anrichte ein, deren traditionelle Elemente wie die gedrechselten Stützen der Aufsatzschränke und alle Rahmen und Bordkanten in mattem Blau vom lichten Seegrüngrau der Flächen abgesetzt sind. Barocker Stilisierung folgen die S-förmigen Kantenprofile der Rückwand, die als Zitat auch bei dem kleineren, aber höheren Schrank zwischen den beiden Türen vorkommen. Die durchgehend rote Farbigkeit des Fliesenbodens verleiht dem Raum eine visuell ruhige Basis. Ein anschließender Raum diente früher Haushaltsarbeiten, heute sind hier die Nußbaummöbel des Arbeitszimmers des Bauherrn aufgestellt, und der Raum wird für die Planung und Organisation der kulturellen Veranstaltungen im Haus genutzt.

Die Hanglage des talseitig von der Straße begrenzten **Gartens** wird von der Auffahrt und dem Parkplatz nördlich des Hauses in zwei Hälften geteilt. Während dichter Laubbaumbestand die Einsicht von der Straße her erschwert, flankieren den Weg zum Haus rechts eine Eibenhecke, links einige solitär gesetzte Nadelbäume. Dahinter erstreckt sich eine große, ansteigende Rasenfläche, die entlang der Grundstücksgrenzen von altem Baumbestand eingefaßt wird. Ihn begleitet zum Teil ein Rundweg, der an der Nordseite des Hauses beginnt und zu einer Gruppe von Rhododendren führt, in deren Mitte die lebensgroße Bronze *Mann mit Blütenzweig* von Hermann Lickfeld steht. Eine Gedenkplatte erinnert daran, daß hier der Lieblingsplatz von Elsie Kühn-Leitz war. Asiatisch mutet ein solitär gesetzter Kirschbaum in der Rasenfläche hinter dem Haus an, dessen Terrasse durch Koniferen, Rhododendren und Azaleen gesäumt wird.

Zuletzt führt der Rundgang im Garten zu einem 1920 unterhalb des Hauses zwischen Obstbäumen errichteten **Gartenpavillon**. Den rechteckigen, eingeschossigen Bau deckt ein Mansarddach aus Schieferplatten ohne Gaupen mit teilweiser Verglasung. Ein niedriges Gewächshaus aus Glas schließt sich an der Südseite an. Der bläuliche Grauton der matt lackierten Holztüren liegt in der Skala der im Haus verwendeten Farben. Eine weiß

18. Bruno Paul, Haus Friedwart. Stuhl im Speisezimmer. (Photo: Gerd Scharfscheer.)
19. Bruno Paul, Haus Friedwart. Stuhl in der Halle. (Photo: Gerd Scharfscheer.)
20. Bruno Paul, Haus Friedwart. Stuhl im Musikzimmer. (Photo: Gerd Scharfscheer.)
21. Bruno Paul, Haus Friedwart. Stuhl in der Roten Diele. (Photo: Gerd Scharfscheer.)

18. Bruno Paul, Haus Friedwart. Chair in the dining room. (Photo: Gerd Scharfscheer.)
19. Bruno Paul, Haus Friedwart. Chair in the main hall. (Photo: Gerd Scharfscheer.)
20. Bruno Paul, Haus Friedwart. Chair in the music room. (Photo: Gerd Scharfscheer.)
21. Bruno Paul, Haus Friedwart. Chair in the Red Vestibule. (Photo: Gerd Scharfscheer.)

grandfather clock, dated 1635, which belonged to the Wachsmuth family.

After the intricacies of the Red Vestibule, the dove-grey panelling of the **music room**, with its broad, pilaster-form panels and silvered mouldings – decorated with silvered leaves and branches among broken lattice-work – has an elevated air. The decorative details of the geometrically broken radiator cover, with its applied blossom rosettes, are echoed by the ceiling ornamentation.

The chandeliers and wall lights made from Venetian glass lend themselves to the silvery gleam of the carvings. The antique pink silk curtains correspond to the original atmosphere.

The three-coloured parquet floor made from bog oak, light cherrywood and red mahogany creates an unusual triple harmony which is taken up by the upholstery material for the seating, with its floral pattern against a blue background. The crafting of the backs for the armchairs, the various types of upholstered armchairs and the settees made from Macassar ebony is reminiscent of the composition of the music room in the »Gelbes Haus« at the Werkbund exhibition in Cologne in 1914. Arched segments create linear internal details within the geometrical contours.

As with the first floor, a broad sliding door leads to the family's private **living-room**, with its green wallpaper, whose rectangular outline is converted by the fixtures added by Bruno Paul into an oval flattened at either end. A niche in the longitudinal wall containing a set of Biedermeier chairs is decorated with coloured etchings by the Wetzlar artist Friedrich Christian Reinermann (1764 to 1835), showing the region around the Lahn river, which provide a link to home. The comfortable sense of roundness given by this room is echoed by the curved surfaces of the glass-fronted wall cabinets, the double doors and the ceiling stucco, from the centre of which a brass and glass chandelier hangs. Of the three window openings, the one on the left is widened to form a door leading to the loggia.

»The **loggia**«, recalled Knut Kühn Leitz, »with its view of the garden and of the nearby wood, was my grandfather's favourite place.«[28] On the underside of a massive coffered ceiling made of milled poured concrete hangs a wood chandelier, lacquered green and white, whose inward-and outward-curving form turns a classical composition into a stylized modern form. The pillars which stand on a balustrade painted grey-green and white on the inside provide a counterpoint to this which vouches for Bruno Paul's claim to belong to the avant-garde.

The chairs and tables used here, woven from rattan, including a couch which was designed for the sanatorium belonging to the homoeopath Dr Lahmann, in the Dresden suburb of Weißer Hirsch, originate from the Theodor Reinmann basketwork factory in Dresden, which was established in 1878.

The **former private rooms** on the eastern side of the corridor on the first floor consist of the owner's study – originally equipped with corner seating, a writing table and cabinets for books, all designed by Bruno Paul, which are now on display in the basement – followed by the lady of the house's writing room. While a charming niche in the direction of the balcony contains a fitted glass cabinet above an pierced radiator screen, »which has an entirely new charm in this configuration and in these surroundings«[29], the room itself was furnished by Bruno Paul with »Typenmöbeln« from the year 1907. The connecting door to the adjoining lady's bedroom, which was fitted with wallpaper, curtains and woodwork in white and blue, is flanked by glass-fronted fitted wardrobes. Originally the room only contained a washstand with an inset porcelain basin, a free-standing full-length mirror, stepped on the upper edge, and a set of chairs, all made of white-lacquered wood. The owner's bedroom was decorated white and pale green.

In the extended **attic storey**, which, in contrast to the plans drawn up by Jean Emil Schmidt, is not reached by an extension of the main staircase, but only via the stairwell, are the bedrooms for the children and for the house staff.

The transition from the old and familiar to the newness of the present day is documented to an especial extent by the furniture for the **kitchen**, which lies on the north side in the basement. One end contains an asymmetrical dresser which incorporates traditional elements such as the hand-turned legs of the upper cupboards and all the frames and edging, which are picked out from the light sea-green of the surfaces in subdued blue. The S-shaped edge mouldings along the back wall are in the Baroque style, which is also referenced by the smaller, higher cupboard between the two doors. The continuous red colour scheme colouration of the tiled floor gives the room a restful visual foundation. A connecting room was originally dedicated to housework. Today the walnut furniture from the builder's study is displayed here. The room is also used for the planning and organization of the cultural events which take place in the house.

The sloping plot of the **garden**, with its border situated on the valley side of the street, is divided in two by the entrance road and by the parking area on the north of the house. The density of the deciduous trees obscures the view of the street, and the driveway is flanked on the right by a yew hedge and on the left by a number of solitary conifers. Beyond this stretches an expanse of upward-sloping lawn, which is bordered along the edge of the piece of land by mature trees. They are accompanied for part of the way by a circular path which begins on the north side of the house and leads to a thicket of rhododendrons, in the middle of which stands the life-size bronze *Man with Flowering Branch* by Hermann Lickfeld. A memorial plaque notes that this was the favourite place of Elsie Kühn-Leitz. A solitary cherry tree planted in the lawn behind the house has an Asiatic appearance. The terrace attached to this lawn is bordered by conifers, rhododendrons and azaleas.

The tour eventually leads to a **pavilion** which was erected in 1920 downhill from the house, which is partly a storage place for gardening implements and partly a conservatory. The rectangular, single-storey building is covered by a mansard roof of slate tiles without dormers and partially glazed. A small glazed greenhouse is connected to its south side. The bluish-grey tone of the matt lacquer on the wooden doors is taken from the spectrum of colours used for the house. A white-lacquered set of chairs complete with a round table is placed next to a fountain, whose semi-circular back wall is tiled in lilac. The central water spout in the shape of a stylized shell is glazed green, as is the smooth, broad rim with backing – two animals in relief, a crab and a lizard – and the basin with its several projecting corners. The arrangement of the wall tiles involves light and dark tiles in an alternating symmetrical pattern.

lackierte Sitzgruppe mit rundem Tisch ist vor einem Brunnen plaziert, dessen halbrunde Rückwand lila gefliest ist. Der zentrale Wasserspeier in Form einer stilisierten Muschel ist ebenso grün glasiert wie der glatte, breite Rahmen mit Rücklage – zwei reliefierte Tierdarstellungen, ein Krebs und eine Eidechse – sowie das mehreckig vorspringende Becken. Der Geometrie der Wandfliesen entsprechen hell- und dunkelgraue Bodenfliesen in symmetrischer Anordnung.

Würdigung

Haus Friedwart verkörpert exemplarisch den Übergang vom steifen Neoklassizismus zu einer lebhaft bewegten, auf Kontraste aufbauenden Formensprache. Diese wird neuerdings mit dem Begriff der »Protomoderne« umschrieben, die sowohl Elemente des Jugendstils als auch Anregungen aus der Kunst Ostasiens mit einbezieht. Als ausgebildeter Maler und Graphiker waren Farben und Linienführung immer schon Bruno Pauls Waffe im Kampf gegen Stagnation. Mit ihrer Hilfe gelang es ihm im Haus Friedwart nahezu exemplarisch, die simplen Kuben der Zimmer durch Einbauten zu verblüffenden Raumerlebnissen zu machen. Nachdem der Erfolg von Pauls neuer Raumkunst auf der Werkbundausstellung 1914 durch den Lauf der Geschichte rasch in Vergessenheit geriet, dauerte es rund zehn Jahre, bis durch den Begriff des Art Déco Ähnliches allgemein anerkannter Zeitstil wurde. Die von Bruno Paul in die Ensembles eingebrachte Motivsprache mit Sternen, Rosetten, Doppelbögen, Zickzack-Linien und die in kräftigen Farben lackierten Möbel, die oftmals zweifarbig akzentuiert wurden, versetzen uns bis heute in eine Stimmung von einzigartigem Klang.

Für hilfreiche Unterstützung meiner Recherchen danke ich Thomas Steigenberger, Berlin, Wolfgang Wiedl, Stadtarchiv Wetzlar, Dr. Volker Probst, Güstrow, Dr. Elisabeth Laur, Hamburg, Christa Hauptmeier, Marburg, Dr. Erwin Neumann, Güstrow, und Eleonore Pichelkastner, München.

[1] Alfred Ziffer (Hg.), *Bruno Paul – Deutsche Raumkunst und Architektur zwischen Jugendstil und Moderne*, München 1992, S. 144; siehe auch allgemein: William Owen Harrod, *Bruno Paul – The Life and Work of a Pragmatic Modernist*, Stuttgart und London 2005.

[2] Knut Kühn-Leitz (Hg.), *Ernst Leitz – Wegbereiter der Leica. Ein vorbildlicher Unternehmer und mutiger Demokrat*, Königswinter 2006.

[3] Thomas Kielinger, »Der gute Mensch von Wetzlar«, *Die Welt*, 9.2.2007.

[4] Frank Dabba Smith, *Elsie's war, a story of courage in Nazi Germany*, mit einer Einführung von Henri Cartier-Bresson, London 2003.

[5] Veröffentlicht in: Klaus Otto Nass (Hg.), *Elsie Kühn-Leitz, Mut zur Menschlichkeit. Vom Wirken einer Frau in ihrer Zeit. Dokumente, Briefe und Berichte*, mit einem Geleitwort von Bernhard Vogel, Bonn 1994.

[6] *In Memoriam Dr. h.c. Ernst Leitz III, 16. Januar 1906 bis 8. September 1979*, o. O., o. J.

[7] Reinhard Bentmann, »Ein neues Gehäuse für die Leica. Das Empfangsgebäude der Firma Leitz in Wetzlar von 1954–56 und seine Umnutzung 40 Jahre danach«, *Denkmalpflege in Hessen*, hg. vom Landesamt für Denkmalpflege Hessen, Wiesbaden, 1997, Heft 1, S. 2–13.

[8] Siehe auch: http://denkxweb.denkmalpflege-hessen.de/cgi-bin/mapwalk.pl?gg=168100287&obj=25201&session=913&event=Query.Details.

[9] Willi Erb, *Vom Mikroskop zur Leica: die Geschichte der Leitz-Werke und ihre wirtschaftliche Bedeutung*, Freiburg 1956.

[10] *Bauten des Architekten Jean Schmidt Wetzlar*, Düsseldorf 1929.

[11] Eugen Kalkschmidt, »Die Möbel- und Raumkunst auf der Werkbundausstellung zu Köln a. Rh.«, *Moderne Bauformen*, XIII, Sept./Okt. 1914, S. 401–406, hier S. 402.

[12] Heute Bibliothek der Universität der Künste (UdK), Berlin.

[13] Siehe allgemein: Eugen Otto (Hg.), *Emil Orlik, Leben und Werk*, Wien und München 1997.

[14] *Hermann Lickfeld*, Ausstellungskatalog, Städtisches Museum Mülheim an der Ruhr, Mülheim a. d. Ruhr 1958; Werner Kruse, *Hermann Lickfeld. Plastik*, Ausstellungskatalog, 31.8.–5.10.1968, Mülheim a. d. Ruhr 1968; Franz Rolf Krapp, »Kunst kann nicht gedeihen ohne Widerhall«, in: *Mülheimer Jahrbuch*, Mülheim a. d. Ruhr 1986, S. 84 bis 96; Hans Vollmer, *Allgemeines Lexikon der Bildenden Künstler des XX. Jahrhunderts*, Leipzig 1956, Bd. 3, S. 228.

[15] Lickfeldt 1968 (wie Anm. 14), Abb., o.S.

[16] Otto Brues, *Fritz Reusing. Bedeutende Männer – schöne Frauen*, Düsseldorf 1954, o. S.

[17] Alfred Ziffer und Christoph de Rentiis (Hg.), *Bruno Paul und die Deutschen Werkstätten Hellerau*, Hellerau 1993, S. 33–34.

[18] UdK Berlin, Beilage zum Schreiben des Landeskonservators von Hessen an Dr. Elsie Kühn-Leitz vom 25.7.1974.

[19] Bauakte »Neubau ›E. Leitz‹ Wetzlar«, Stadtbauamt Wetzlar, angelegt am 14. Mai 1914.

[20] Lickfeld 1958 (wie Anm. 14), Abb. o. S.; Krapp 1986 (wie Anm. 13), S. 86, Guß im Besitz des Museums Mülheim.

[21] Elfriede Mues, »Haus Dr. L. in Wetzlar«, *Deutsche Kunst und Dekoration*, XXV. Jg., Heft 12, Oktober/November 1921, S. 70–94, hier S. 75.

[22] Wolfgang Wiedl, »Der liberale Demokrat«, in: Kühn-Leitz 2006 (wie Anm. 2), S. 120–127.

[23] Mues 1921 (wie Anm. 21), S. 75.

[24] Cornelia Kühn-Leitz, *Theater – Spiel und Wirklichkeit. Auf deutschen Bühnen und in fremden Ländern*, Herbolzheim 2007, S. 12.

[25] Volker Propst (Hg.), *Erwerbungen Werke von Ernst Barlach. Zehn Jahre Ernst Barlach Stiftung Güstrow 1994 bis 2004*, Güstrow 2004, S. 20, 21, m. Abb. des Gipsmodells und Literaturangaben, hier S. 21; Friedrich Schult (Bearb.), *Ernst Barlach – Das plastische Werk*, hg. mit Unterstützung der Deutschen Akademie der Künste zu Berlin, Hamburg 1960, S. 125, Nr. 203, mit Literaturangaben.

[26] Elisabeth Laur (Bearb.), *Ernst Barlach, Werksverzeichnis II, Das plastische Werk*, mit einem Vorwort von Volker Probst, Ernst Barlach Stiftung Güstrow, Güstrow 2006, S. 153, Nr. 265 (Kruzifix II). Weitere Ausführungen befinden sich im Nordschiff des Doms von Güstrow (Bronze), der Rembertikirche in Bremen (Bronze, 1953) und der Vicelin-Kirche in Lübeck-Nord (Gips-Abguß, 1956).

[27] Mues 1921 (wie Anm. 21), S. 75.

[28] Alexander Hosch, »Juwel in der Provinz. Vor neunzig Jahren realisierte Bruno Paul in Wetzlar seine Vision von deutscher Wohnkultur«, *Architectural Digest* (München), Mai 2006, S. 139–151, hier S. 150.

[29] Mues 1921 (wie Anm. 21), S. 84.

Evaluation

Haus Friedwart embodies the transition from stiff neo-classicism to a living formal style, continually in motion and building on contrasts. This has defined more recently as »post-modern« architecture, an expression which encapsulates the Art Nouveau style as well as East Asian artistic influences. As an educated painter and graphic artist, colours and linear arrangements had always been Bruno Paul's weapons in the battle against stagnation. With their help, he was able to convert the straightforward cubic shapes of the rooms in Haus Friedwart by means of fittings into astonishing spatial experiences in a near-exemplary fashion. Following the disappearance into obscurity of the success of Bruno Paul's new spatial art at the Werkbund exhibition of 1914 in the course of time, it was about ten years before the connection with Art Déco led to it being rediscovered as one of the generally recognized styles of the time. The range of motifs introduced into the ensemble by Bruno Paul – stars, rosettes, twin arches, zigzag lines and furniture lacquered in bold colours, often accentuated by the use of two colours, create in us to this day a sense of an inimitable style.

For helpful support of my research I would like to thank Thomas Steigenberger, Berlin, Wolfgang Wiedel, archives of the city of Wetzlar, Dr. Volker Probst, Güstrow, Dr. Elisabeth Laur, Hamburg, Christa Hauptmeier, Marburg, Dr. Erwin Neumann, Güstrow, and Eleonore Pichelkastner, München.

[1] Alfred Ziffer (ed.), *Bruno Paul – Deutsche Raumkunst und Architektur zwischen Jugendstil und Moderne*, Munich, 1992, p. 144; see also generally: William Owen Harrod, *Bruno Paul – The Life and Work of a Pragmatic Modernist*, Stuttgart and London, 2005.
[2] Knut Kühn-Leitz (ed.), *Ernst Leitz – Wegbereiter der Leica. Ein vorbildlicher Unternehmer und mutiger Demokrat*, Königswinter, 2006.
[3] Thomas Kielinger, »Der gute Mensch von Wetzlar«, *Die Welt*, 9 February 2007.
[4] Frank Dabba Smith, *Elsie's war, a story of courage in Nazi Germany*, mit einer Einführung von Henri Cartier-Bresson, London, 2003.
[4] Published in: Klaus Otto Nass (ed.), *Elsie Kühn-Leitz, Mut zur Menschlichkeit. Vom Wirken einer Frau in ihrer Zeit. Dokumente, Briefe und Berichte*, with a foreword by Bernhard Vogel, Bonn, 1994.
[6] *In Memoriam Dr. h.c. Ernst Leitz III, 16. Januar 1906 bis 8. September 1979*, n.p., n.y.
[7] Reinhard Bentmann, »Ein neues Gehäuse für die Leica. Das Empfangsgebäude der Firma Leitz in Wetzlar von 1954–56 und seine Umnutzung 40 Jahre danach«, *Denkmalpflege in Hessen*, ed. by Landesamt für Denkmalpflege Hessen, Wiesbaden, 1997, no. 1, pp. 2–13.
[8] See also: http://denkxweb.denkmalpflege-hessen.de/cgi-bin/mapwalk.pl?gg=168100287&obj=25201&session=913&event=Query.Details.
[9] Willi Erb, *Vom Mikroskop zur Leica: die Geschichte der Leitz-Werke und ihre wirtschaftliche Bedeutung*, Freiburg, 1956.
[10] *Bauten des Architekten Jean Schmidt Wetzlar*, Düsseldorf, 1929.
[11] Eugen Kalkschmidt, »Die Möbel- und Raumkunst auf der Werkbundausstellung zu Köln a. Rh.«, *Moderne Bauformen*, XIII, Sept./Oct. 1914, pp. 401–406, here p. 402.
[12] Today Bibliothek der Universität der Künste (UdK), Berlin.
[13] See generally: Eugen Otto (ed.), *Emil Orlik, Leben und Werk*, Vienna and Munich, 1997.
[14] *Hermann Lickfeld*, exhibition catalogue, Städtisches Museum Mülheim an der Ruhr, Mülheim a. d. Ruhr, 1958; Werner Kruse, *Hermann Lickfeld. Plastik*, exhibition catalogue, 31.8.–5.10.1968, Mülheim a. d. Ruhr, 1968; Franz Rolf Krapp, »Kunst kann nicht gedeihen ohne Widerhall«, in: *Mülheimer Jahrbuch*, Mülheim a. d. Ruhr, 1986, pp. 84 to 96; Hans Vollmer, *Allgemeines Lexikon der Bildenden Künstler des XX. Jahrhunderts*, Leipzig, 1956, vol. 3, p. 228.
[15] Lickfeldt 1968 (as note 14), ill., n.p.
[16] Otto Brues, *Fritz Reusing. Bedeutende Männer – schöne Frauen*, Düsseldorf, 1954, o. S.
[17] Alfred Ziffer and Christoph de Rentiis (ed.), *Bruno Paul und die Deutschen Werkstätten Hellerau*, Hellerau, 1993, pp. 33–34.
[18] UdK Berlin, supplement to the letter of the preservationist of the federal state of Hesse to Dr. Elsie Kühn-Leitz from 25 July 1974.
[19] Planning document »Neubau ›E. Leitz‹ Wetzlar«, building authorities of the city of Wetzlar, from 14 May 1914.
[20] Lickfeld 1958 (as note 14), ill. n. p.; Krapp 1986 (as note 13), pp. 86, casting owned by the Museum Mülheim.
[21] Elfriede Mues, »Haus Dr. L. in Wetzlar«, *Deutsche Kunst und Dekoration*, vol. XXV, no. 12, October/November 1921, pp. 70–94, here p. 75.
[22] Wolfgang Wiedl, »Der liberale Demokrat«, in: Kühn-Leitz 2006 (as note 2), pp. 120–127.
[23] Mues 1921 (as note 21), p. 75.
[24] Cornelia Kühn-Leitz, *Theater – Spiel und Wirklichkeit. Auf deutschen Bühnen und in fremden Ländern*, Herbolzheim, 2007, S. 12.
[25] Volker Propst (ed.), *Erwerbungen Werke von Ernst Barlach. Zehn Jahre Ernst Barlach Stiftung Güstrow 1994 bis 2004*, Güstrow, 2004, pp. 20, 21, with ill. of the plaster model and bibliography, here p. 21; Friedrich Schult (ed.), *Ernst Barlach – Das plastische Werk*, ed. with support by the Deutsche Akademie der Künste zu Berlin, Hamburg, 1960, p. 125, no. 203, with bibliography.
[26] Elisabeth Laur (ed.), *Ernst Barlach, Werksverzeichnis II, Das plastische Werk*, with a preface by Volker Probst, Ernst Barlach Stiftung Güstrow, Güstrow, 2006, p. 153, no. 265 (crucifix II). Additional copies are in the northern nave of the cathedral in Güstrow (bronze), in the Rembertikirche in Bremen (bronze, 1953), and in the Vicelin-Kirche in Lübeck-Nord (plaster casting, 1956).
[27] Mues 1921 (as note 21), p. 75.
[28] Alexander Hosch, »Juwel in der Provinz. Vor neunzig Jahren realisierte Bruno Paul in Wetzlar seine Vision von deutscher Wohnkultur«, *Architectural Digest* (Munich), Mai 2006, pp. 139–151, here p. 150.
[29] Mues 1921 (as note 21), p. 84.

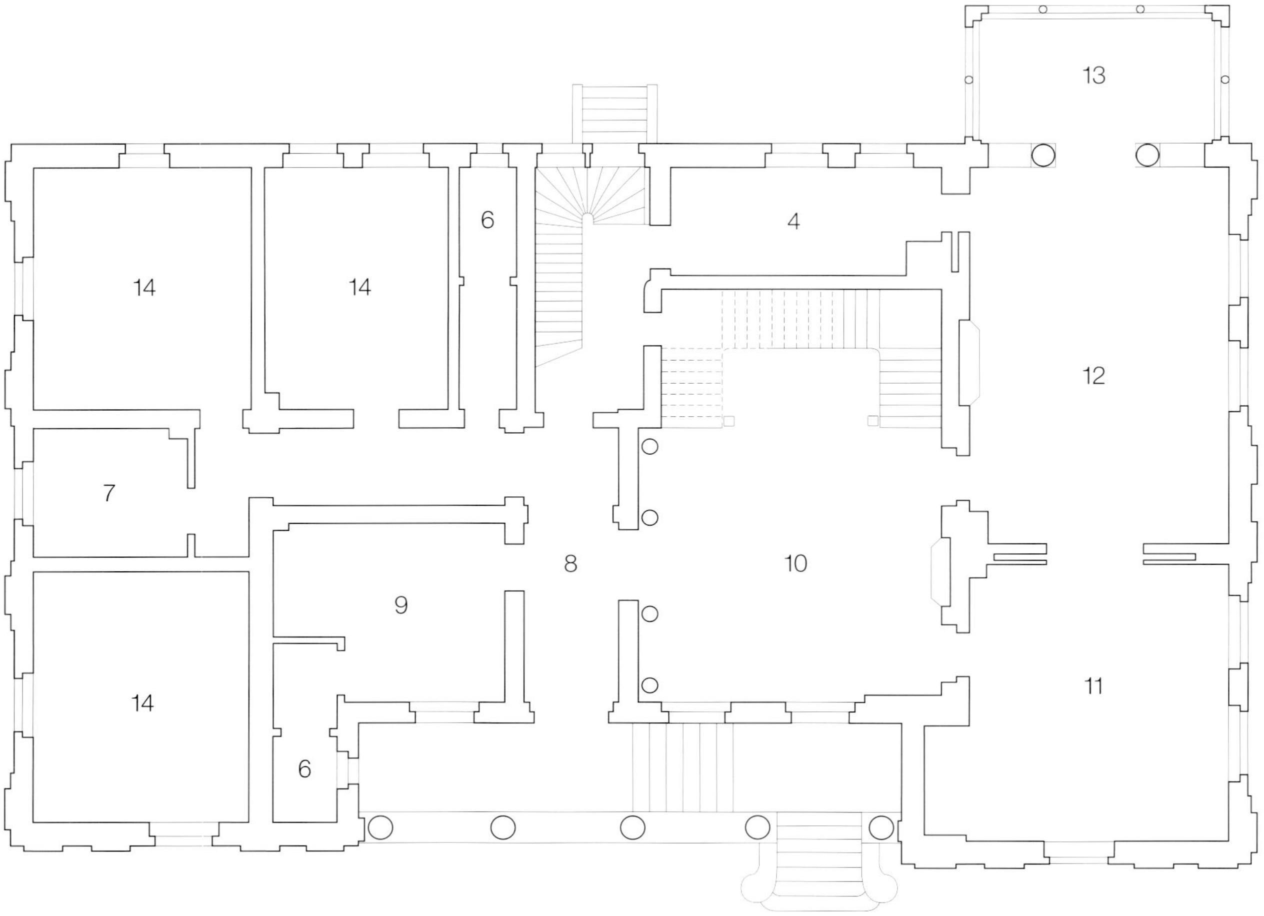
13
6
4
14
14
12
7
8
10
9
14
11
6

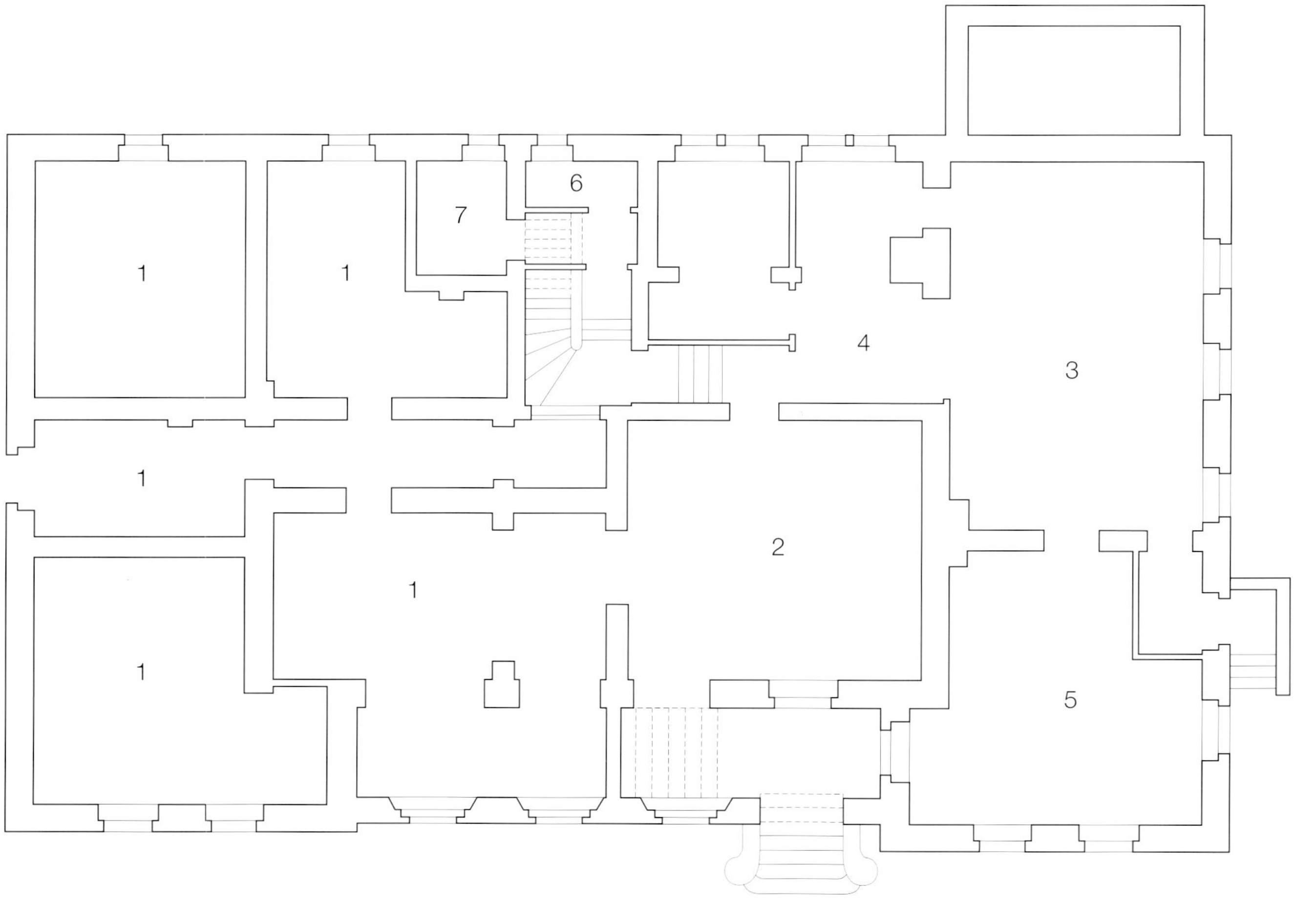
6
7
1
1
4
3
1
2
1
1
5

1–4. Grundrisse laut Baueingabe vom Mai 1914 (Untergeschoß, Erdgeschoß, 1. Obergeschoß, Dachgeschoß). Legende: 1 Keller, 2 Heizraum, 3 Küche, 4 Anrichte 5 Mädchenzimmer (heute Büro), 6 WC, 7 Bad, 8 Vorraum, 9 Garderobe, 10 Halle, 11 Empfangszimmer (Biedermeierzimmer), 12 Speisezimmer, 13 Wintergarten, 14 Fremdenzimmer, 15 Frühstückszimmer (Rote Diele), 16 Musikzimmer, 17 Wohnzimmer, 18 Loggia, 19 Zimmer des Herrn, 20 Zimmer der Dame, 21 Schlafzimmer der Dame, 22 Schlafzimmer des Herrn, 23 Wohnzimmer der Tochter, 24 Zimmer der Söhne, 25 Schlafzimmer der Tochter, 26 Kinderfräulein, 27 Hausfräulein, 28 Dienstboten, 29 disponibel.

Im Rahmen seiner Arbeit an der Inneneinrichtung des Hauses nahm Bruno Paul auch verschiedene Änderungen am Haus selbst vor. So wurde aus dem ursprünglich geplanten Balkon vor dem Wohnraum eine Loggia, und die von der Halle ausgehende repräsentative Treppe endet jetzt bereits im ersten Obergeschoß. Von den innenräumlichen Veränderungen fällt besonders die ursprünglich rechteckige Garderobe ins Auge, die durch Einbauten von gerundeten Elementen – in Form der hufeisenförmig gewölbten Rückwand und der breiten Deckenkehle – jetzt zu den eindrucksvollsten Räumen des Hauses zählt.

1–4. Floor plans according to the construction application from May 1914 (basement, ground floor, 1st floor, roof floor). Key: 1 cellar, 2 heating room, 3 kitchen, 4 cabinet, 5 maid's room (today office), 6 WC, 7 bathroom, 8 lobby, 9 cloakroom, 10 main hall, 11 reception room (Biedermeier room), 12 dining room 13 conservatory, 14 guest room, 15 breakfast room (Red Vestibule), 16 music room, 17 living room, 18 loggia, 19 master's room, 20 lady's room, 21 lady's bedroom, 22 master's bedroom, 23 daughter's living room, 24 sons' rooms, 25 daughter's bedroom, 26 nanny, 27 lady's companion, 28 servants, 29 disposable.

In the course of his work on the interior fittings of the house, Bruno Paul made various alterations to the house itself. The originally planned balcony attached to the living room became a loggia, and the formal staircase which starts in the hall terminates on the first floor. Among the interior alterations, the originally rectangular cloakroom in particular springs to mind, which by means of its fittings – the horseshoe-shaped rear wall and the broad coving – is turned into one of the most impressive spaces in the house.

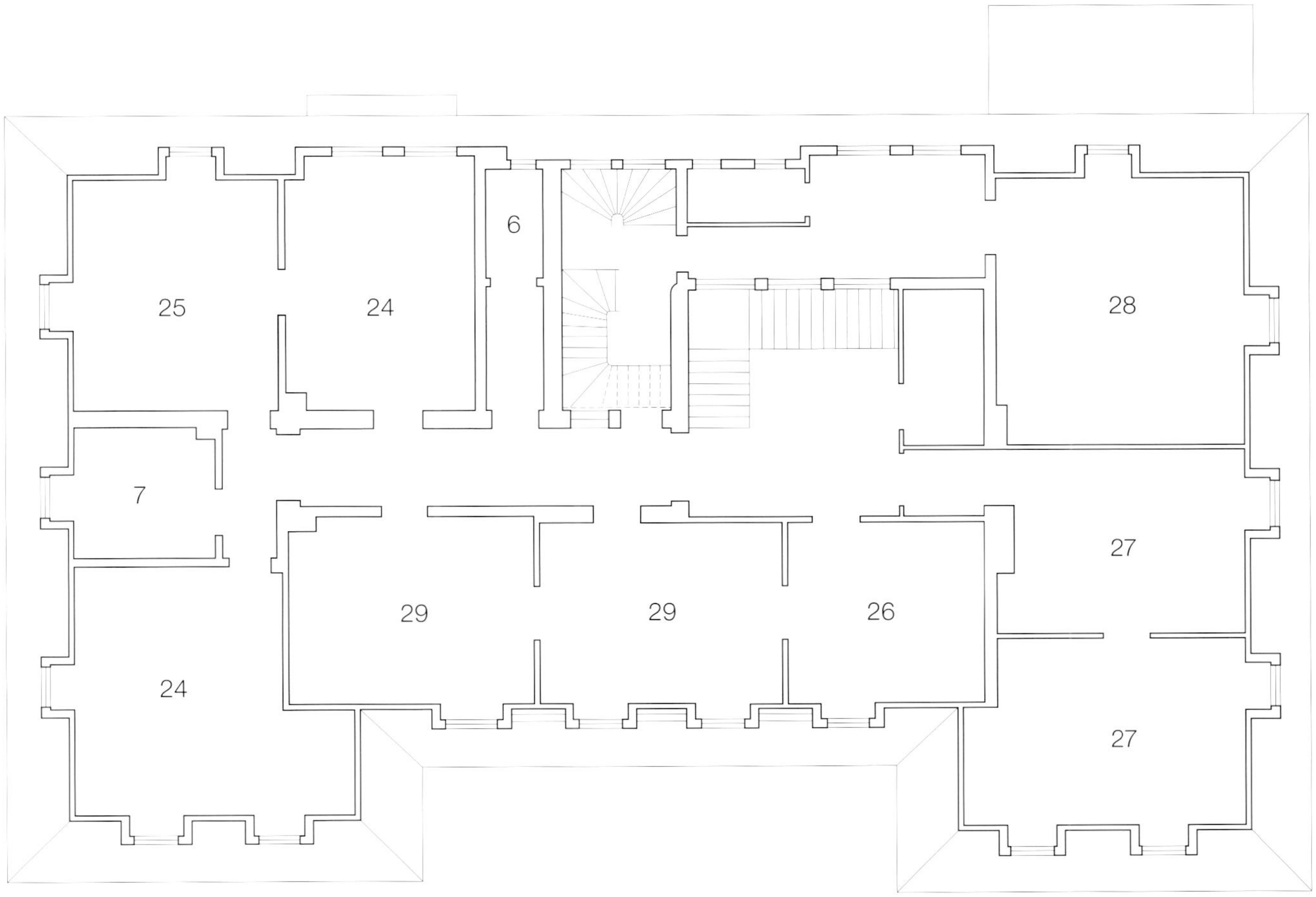

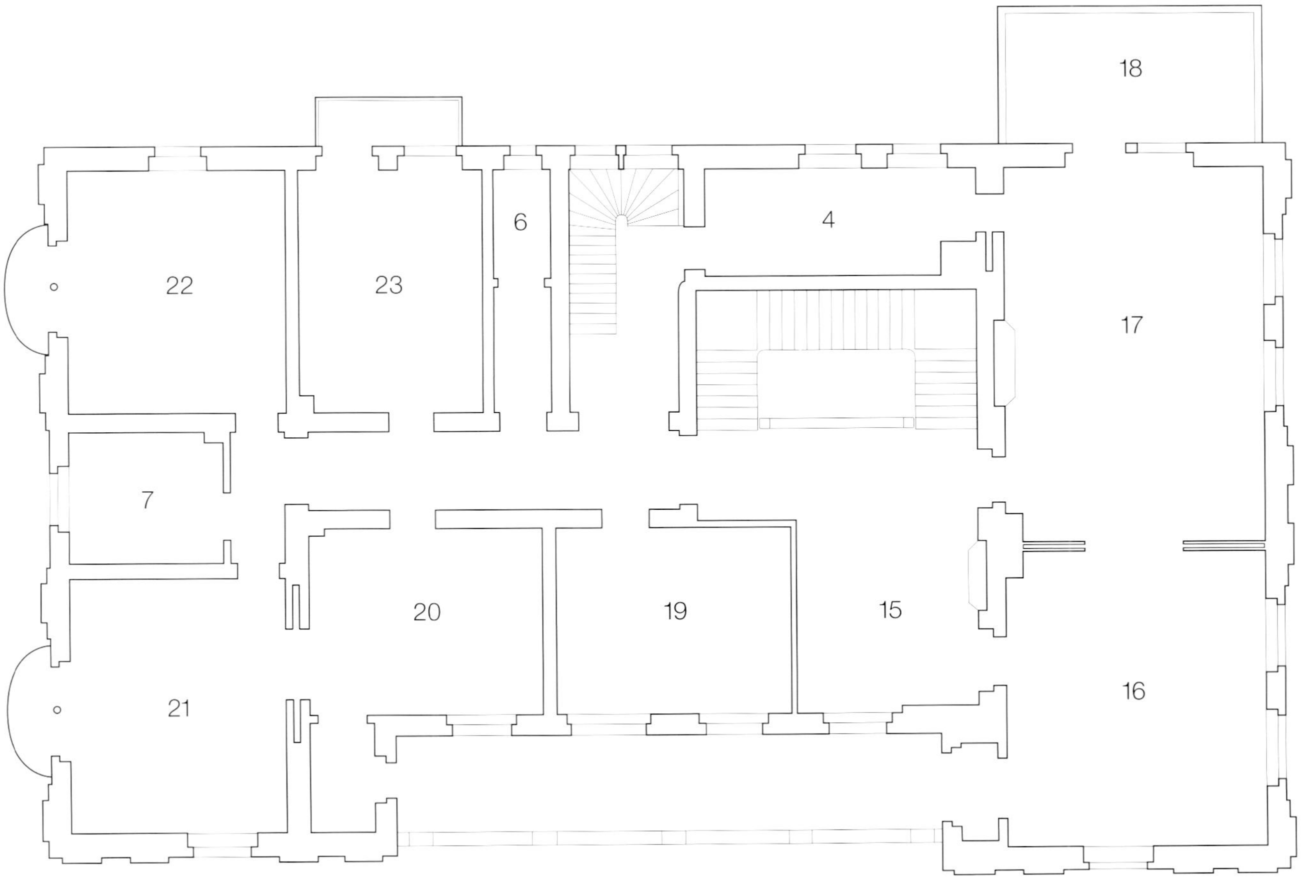

1. Die Lage des Hauses auf dem Hügel des Kalsmunt mit Blick auf die gegenüberliegende Altstadt von Wetzlar bedeutet für das Kellergeschoß des zweistöckigen Gebäudes mit ausgebautem Mansarddach, daß es zur Gänze erst kurz vor der Westseite des Hauses im ansteigenden Hang des Grundstücks verschwindet und dadurch den optisch notwendigen Sockel der zur Stadt hin orientierten Hauptfassade bildet. (Photo: Gerd Scharfscheer.)
2. Die Hanglage des talseitig von der Straße begrenzten Gartens wird von der Auffahrt und dem Parkplatz nördlich des Hauses in zwei Hälften geteilt. Während dichter Laubbaumbestand die Einsicht von der Straße her erschwert, flankieren den Weg zum Haus rechts eine Eibenhecke, links einige solitär gesetzte Nadelbäume. Dahinter erstreckt sich eine große, ansteigende Rasenfläche, die entlang der Grundstücksgrenzen von altem Baumbestand eingefaßt wird. (Photo: Gerd Scharfscheer.)

1. The plot for the house is situated on the Kalsmunt hill with a view of the Wetzlar's old town opposite. This means that the basement storey of the two-storey building with its mansard roof disappears when one approaches the west side of the house due to the increasing slope of this piece of ground. This means that it forms the optically necessary pedestal for the house's façade, which faces towards the city. (Photo: Gerd Scharfscheer.)
2. The sloping plot of the garden, with its border situated on the valley side of the street, is divided in two by the entrance road and by the parking area on the north of the house. The density of the deciduous trees obscures the view of the street, and the driveway is flanked on the right by a yew hedge and on the left by a number of solitary conifers. Beyond this stretches an expanse of upward-sloping lawn, which is bordered along the edge of the piece of land by mature trees. (Photo: Gerd Scharfscheer.)

3, 4. Die Dreiteilung der Fassade der Eingangsseite entspricht klassischen Vorbildern. Ein vierachsiger Mittelbau, dem im Erdgeschoß die von fünf Säulen getragene Vorhalle mit Kassettendecke und darüber ein über die ganze Breite hinweggehender Balkon vorgeblendet sind, wird flankiert von zwei als einachsige Risalite ausgebildeten Seitenflügeln, die von weiß gehaltenen Doppelpilastern in Kolossalordnung gerahmt werden. (Photos: Gerd Scharfscheer.)

3, 4. The three-part structure of the façade corresponds to the classical structure. A mid-section built on four axes, with the vestibule with its five supporting pillars and coffered roof superimposed on it on the ground floor and with a balcony extending across its whole length above, is flanked by two side-sections in the form of ressauts on a single axis, which are flanked by the double pilasters to form a capitol. (Photos: Gerd Scharfscheer.)

5, 6. Schreitet man die Treppenanlage hinauf, eröffnet sich auf dem oberen Podest ein beeindruckend weiter Blick über die Bäume hinweg auf die Häuser von Wetzlar und das gegenüberliegende Tal. Ebendort begrüßt auf einem Sockel in aufrechter Haltung der still verharrende Akt *Mädchen mit Blume* die Besucher – eine 1934 entstandene Bronzeplastik des Mülheimer Bildhauers Hermann Lickfeld. (Photos: Gerd Scharfscheer.)

5, 6. Going up the stairs, on reaching the upper landing one sees an impressive wide view over the trees, taking in the houses of Wetzlar and the heights opposite. In that very place, on a pedestal, stands the *Girl with Flower*, a still study, greeting the visitor – a bronze statue created in 1934 by the Mühlheim sculptor Hermann Lickfeld. (Photos: Gerd Scharfscheer.)

7, 8. Für den schmalen Eingangsflur wählte Bruno Paul ein durchgehendes, weiß gestrichenes Tonnengewölbe, das durch ein Rundprofil in Höhe der Türrahmen von den in Beige getönten Wänden abgesetzt wird. Gegenüber der Eingangstür befindet sich der Zugang zum hinteren Treppenhaus, das als funktionaler Raumkörper über alle Etagen hinweg das Haus erschließt und über dessen Tür ein farbiges Majolikarelief mit einer Madonna im Früchtekranz nach Luca della Robbia in die Wand eingelassen ist. (Photos: Gerd Scharfscheer.)

7, 8. For the narrow entrance hall Bruno Paul chose a full-length white-painted barrel vault as a ceiling. It is separated from the beige-toned walls by a round moulding at doorframe height. Situated opposite the entrance door is the entry to the rear stairwell, a functional space which allows access to all storeys. Over its door is a colourful majolica relief, showing a Madonna crowned with fruit in the style of Luca della Robbia, inset into the wall. (Photos: Gerd Scharfscheer.)

9. Die Garderobe strahlt durch die Einbauten von gerundeten Elementen – in Form der hufeisenförmig gewölbten Rückwand und der breiten Deckenkehle – ein anheimelndes Raumgefühl aus. Der Grundriß wiederholt sich vekleinert im linearen Deckenstuck. Die Welt verwirrender Kleinteiligkeit durch eine Wandbespannung mit naturalistisch-floralem Muster wird gegliedert durch blaugrüne Paneelprofile, deren Breite mit der Tür zur Toilette links ebenso übereinstimmen wie mit den Dimensionen der offenen, marmorverkleideten Waschnische rechts. (Photo: Deimel + Wittmar.

9. The cloakroom is emanating a sense of comfortable space due to the building in of rounded components – the horseshoe-shaped rear wall and the broad coving around the ceiling. The room's outline is echoed by the lines of the ceiling stucco. The world full of bewildering tiny details created by the wall covering with its naturalistic floral pattern is given structure by the blue-green panel mouldings, whose breadth is in accordance with both the lavatory door on the left and with the dimensions of the open, marble-decorated washing niche on the right. (Photo: Deimel + Wittmar.

Deutsches Haus
im Deutschlands
entstand
im deutschen Land
schwerer Zeit

S. 32/33
10. Beherrschendes Element der Halle ist die farbkräftige Nußbaumholzvertäfelung des offenen Treppenhauses. Den oberen Abschluß bildet ein massiver Tragbalken, in den auf einem gleichmäßig umgeknickten Schriftband der Sinnspruch »Deutsches Haus im deutschem Land / in Deutschlands schwerer Zeit entstand / Mai 1914 ✶ 1917 Oktober / Friedwart wurde es genannt / Schirm es Gott mit deiner Hand« geschnitzt ist. (Photo: Deimel + Wittmar.)

11. Beim Betreten fällt der Blick zunächst auf einen offenen Kamin, dessen gußeiserne Platten mit exotischen Motiven vermutlich von Franz Blazek stammen, einem jungen Bildhauer, der an der Unterrichtsanstalt in Berlin bei Josef Wackerle studierte und mehrfach von Bruno Paul mit Aufträgen bedacht wurde. (Photo: Deimel + Wittmar.)
12. Ein bedeutendes skulpturales Werk des deutschen Expressionismus ist das Treppengeländer von Emil Orlik, das über üppig geschwungenen exotischen Akanthusranken mit Blüten und Früchten einen breiten, schwarz lackierten Handlauf trägt. (Photo: Deimel + Wittmar.)
13. Vor den Fenstern mit Blick auf die Stadt bildet ein Sofa mit betont überhöhter Rücklehne samt angedeuteten Ohrenbacken Teil eines Ensembles, das an chinesisches Mobiliar erinnert. (Photo: Gerd Scharfscheer.)

p. 32/33
10. The dominant feature of the main hall is the colourful walnut panelling of the open stairwell. This niche is topped by a massive beam, on which is carved, in an interrupted band of text interspersed with stylized oak leaves: »German house on German land / Built during Germany's dark hour / May 1914 ✶ 1917 October / Friedwart was it called / Protect it God with your hand.« (Photo: Deimel + Wittmar.)

11. When entering the main hall the first thing to which one's eye is drawn is an open fireplace, with cast-iron panels with exotic patterns which were presumably made by Franz Blazek, a young sculptor who studied under Josef Wackerle at the Unterrichtsanstalt in Berlin and received several commissions from Bruno Paul. (Photo: Deimel + Wittmar.)
12. The banister by Emil Orlik is a significant work of German Expressionism. Above curves of exotic acanthus, blossom and fruit, it has a broad handrail, lacquered black. (Photo: Deimel + Wittmar.)
13. In front of the window, which commands a view of the town, a sofa with an exaggeratedly high back complete with a suggestion of arms is part of an ensemble, which is reminiscent of Chinese furniture (Photo: Gerd Scharfscheer.)

14, 15. An der Nordostecke des Hauses befindet sich ein Familienzimmer, das Biedermeierzimmer, das mit ererbten Biedermeier-Möbeln ausgestattet ist. Aus dem Motiv des Alkovens schuf Paul eine Nische mit verglasten Wandschränken wie in der Halle, die Kleinkunst vergangener Tage aufnehmen. Der Strenge des Raumes und seiner Kirschbaummöbel entsprechen die senkrecht parallelen Stäbe der Heizkörperverkleidung unter den drei Fenstern, die einen Blick in Richtung Stadt gewähren. (Photos: Gerd Scharfscheer.)

S. 38/39
16. Zentraler Fixpunkt des Speisezimmers ist ein ovaler Ausziehtisch, der Platz für bis zu achtzehn mit schwarzem Leder gepolsterte Stühle bietet. Die stilisierte Schildform der Lehnen besticht durch den Durchbruch der schleifenförmigen Rahmenleiste. (Photo: Deimel + Wittmar.)

14, 15. At the northeast corner of the house is a family room, the Biedermeier Room, which is equipped with inherited Biedermeier furniture. In keeping with the alcove motif set by the one in the hall, Paul designed a niche with glazed wall cabinets preserving the miniature art of bygone days. The austere nature of the room and its cherry-wood furniture corresponds to the parallel lines of the radiator cover below the three windows, which offer a view towards the city. (Photos: Gerd Scharfscheer.)

p. 38/39
16. The central focus is a slender-legged oval folding-leaf table beneath a brass chandelier. It has chairs upholstered in black leather, and can seat up to eighteen people. The stylized shield-shape of the chair backs is striking due to the looped shape of the frame. (Photo: Deimel + Wittmar.)

17. Drei Fenstertüren mit kräftigen Rundprofilen und kleinteiliger Sprossenverglasung führen in den Wintergarten, an dessen Kassettendecke ein gedrechselter Holzlüster hängt. Er ist mit schwarz lackierten Korbmöbeln ausgestattet. (Photo: Deimel + Wittmar.)
18. Die Eingangsseite des Speisezimmers öffnet sich durch gerundete Vertäfelungen mit eingelassenen doppelbogigen Schrankvitrinen zum Raum hin (Photo: Gerd Scharfscheer.)
19. Das große Buffet ist ein Beispiel für die Abkehr von der simplen Kubatur im Möbelbau. Ausgeführt von den technisch fortschrittlichen Deutschen Werkstätten in Hellerau bei Dresden, bedeuten die Details der Zickzackleiste der Galerie und die vertikal ein- und ausschwingenden Fronten heute einen beachtenswerten Vorgriff auf Motive der frühen 1920er Jahre. (Photo: Gerd Scharfscheer.)

17. Three French doors with bold circular mouldings and finely-spaced barred glazing lead to the conservatory, from the coffered ceiling of which a hand-turned wood chandelier hangs. It is provided with black-lacquered garden furniture. (Photo: Deimel + Wittmar.)
18. The entrance side of the dining room, with its curved panelling with inset twin-arched glass cabinets opens itself to the rest of the room. (Photo: Gerd Scharfscheer.)
19. The large sideboard is an examples of the move away from a straightforward cubic approach to furniture design. Completed by the Deutsche Werkstätten in Hellerau near Dresden, with their advanced technical capabilities, the details of the zigzag slats of the gallery and the in-and-out curved fronting are notable today because they anticipate motifs from the early 1920s. (Photo: Gerd Scharfscheer.)

20. Das große Treppenhaus der Halle führt im ersten Obergeschoß über einen Flur in die sogenannte Rote Diele, die von der Autorin Elfriede Mues 1921 als »Attacke auf die Stimmung« empfunden wurde: »rot die Möbel, rot der Teppich, rot die Vorhänge, der Leuchter, alles in reinstem Zinnober.« (Photo: Gerd Scharfscheer.)
21. Nach der Kleinteiligkeit der Roten Diele wirkt die taubenblaue Wandvertäfelung des Musikzimmers aus breiten, pilasterartigen Paneelen und versilberten Profilen – darüber ebenfalls versilberte kleine Blattzweige zwischen gebrochenem Leistenwerk – betont nobel. (Photo: Gerd Scharfscheer.)

20. On the first floor, the large flight of stairs which starts in the hall leads, via an atrium, to the so-called Red Vestibule, described by the author Elfriede Mues in 1921 as »an assault on the mood; red furniture, red carpet, red curtains, red light fittings, everything in the deepest vermilion.« (Photo: Gerd Scharfscheer.)
21. After the intricacies of the Red Vestibule, the dove-grey panelling of the music room, with its broad, pilaster-form panels and silvered mouldings – decorated with silvered leaves and branches among broken lattice-work – has an elevated air. (Photo: Gerd Scharfscheer.)

S. 44/45
22. Der dreifarbige Parkettboden aus dunkler Mooreiche, hellem Kirschbaum und rötlichem Mahagoni im Musikzimmer bildet einen außergewöhnlichen Dreiklang, der von den Bezugsstoffen der Sitzmöbel mit floralem Muster auf blauem Grund aufgenommen wird. (Photo: Deimel + Wittmar.)

S. 46/47
23. Wie im Erdgeschoß führt vom Musikzimmer eine breite Schiebetür in den privaten, grün tapezierten Wohnraum der Familie, dessen rechteckiger Grundriß durch Einbauten zu einem an den Schmalseiten abgeflachten Oval umgeformt wurde. (Photo: Deimel + Wittmar.)

S. 48/49
24. »Die Loggia, mit ihrem Blick in den Garten und auf den nahen Wald, war der Lieblingsplatz meines Großvaters«, erinnert sich Knut Kühn-Leitz. Unter einer kräftigen Kassettendecke aus gefrästem Betonguß hängt ein weiß-grün lackierter Holzlüster, dessen ein- und ausschwingende Teile aus einer klassischen Disposition eine stilisierte Form der Moderne machen. (Photo: Deimel + Wittmar.)

25, 26. Während im ehemaligen Schreibzimmer der Dame eine Nische zum Balkon hin eine Einbauvitrine über durchbrochener Heizkörperverkleidung von besonderem Reiz enthält, war das Zimmer selbst mit Typenmöbeln von Bruno Paul aus dem Jahr 1907 möbliert. Die Durchgangstür zum anschließenden ehemaligen Damenschlafzimmer, das in den Farben Weiß und Blau bei Tapete, Vorhängen und Holzleisten gehalten war, flankieren verglaste Einbauschränke. (Photos: Gerd Scharfscheer.)

p. 44/45
22. The three-coloured parquet floor made from bog oak, light cherrywood and red mahogany in the music room creates an unusual triple harmony which is taken up by the upholstery material for the seating, with its floral pattern against a blue background. (Photo: Deimel + Wittmar.)

p. 46/47
23. As with the first floor, a broad sliding door leads to the family's private living-room, with its green wallpaper, whose rectangular outline is converted by the fixtures added by Bruno Paul into an oval flattened at either end. (Photo: Deimel + Wittmar.)

p. 48/49
24. »The loggia«, recalled Knut Kühn-Leitz, »with its view of the garden and of the nearby wood, was my grandfather's favourite place.« On the underside of a massive coffered ceiling made of milled poured concrete hangs a wood chandelier, lacquered green and white, whose inward-and outward-curving form turns a classical composition into a stylized modern form. (Photo: Deimel + Wittmar.)

25, 26. While a charming niche in the direction of the balcony contains a fitted glass cabinet above an pierced radiator screen, the room itself was furnished by Bruno Paul with standard furniture from the year 1907. The connecting door to the adjoining lady's bedroom, which was fitted with wallpaper, curtains and woodwork in white and blue, is flanked by glass-fronted fitted wardrobes. (Photos: Gerd Scharfscheer.)

27, 28. Den Weg vom Altbekannten in eine neue Gegenwart bezeugen in besonderem Maße die Möbel der im Untergeschoß auf der Nordseite gelegenen Küche. Die Schmalseite nimmt eine asymmetrisch gebaute Anrichte ein, deren traditionelle Elemente wie die gedrechselten Stützen der Aufsatzschränke und alle Rahmen und Bordkanten in mattem Blau vom lichten Seegrüngrau der Flächen abgesetzt sind. (Photos: Gerd Scharfscheer.)

27, 28. The transition from the old and familiar to the newness of the present day is documented to an especial extent by the furniture for the kitchen, which lies on the north side in the basement. One end contains an asymmetrical dresser which incorporates traditional elements such as the hand-turned legs of the upper cupboards and all the frames and edging, which are picked out from the light sea-green of the surfaces in subdued blue. (Photos: Gerd Scharfscheer.)

29, 30. Zuletzt führt der Rundgang im Garten zu einem unterhalb des Hauses zwischen Obstbäumen errichteten Pavillon, der zur Hälfte Gartenhaus für Geräte, zur Hälfte Wintergarten ist. Den rechteckigen, eingeschossigen Bau deckt ein Mansarddach aus Schieferplatten ohne Gaupen mit teilweiser Verglasung. Der zentrale Wasserspeier in Form einer stilisierten Muschel ist ebenso grün glasiert wie der glatte, breite Rahmen mit Rücklage – zwei reliefierte Tierdarstellungen, ein Krebs und eine Eidechse – sowie das mehreckig vorspringende Becken. Der Geometrie der Wandfliesen entsprechen hell- und dunkelgraue Bodenfliesen in symmetrischer Anordnung. (Photos: Gerd Scharfscheer.)

29, 30. The tour eventually leads to a pavilion which was erected downhill from the house, which is partly a storage place for gardening implements and partly a conservatory. The rectangular, single-storey building is covered by a mansard roof of slate tiles without dormers and partially glazed. The central water spout in the shape of a stylized shell is glazed green, as is the smooth, broad rim with backing – two animals in relief, a crab and a lizard – and the basin with its several projecting corners. The arrangement of the wall tiles involves light and dark tiles in an alternating symmetrical pattern. (Photos: Gerd Scharfscheer.)

Haus Friedwart
Laufdorfer Weg 6
35578 Wetzlar

Bauherr / Client
Ernst Leitz II

Planungs- und Bauzeit / Planning and construction period
1914–1917

Architekten / Architects
Jean Emil Schmidt, Bruno Paul

Bauleitung / Site management
Jean Emil Schmidt

Inneneinrichtung / Interior design
Bruno Paul